Synthese von Lanthanoid-Eisen-Schwefel-Clustern sowie Darstellung und Reaktivität von zweiwertigen Lanthanoid-Galliumkomplexen

Zur Erlangung des akademischen Grades eines

DOKTORS DER NATURWISSENSCHAFTEN

(Dr. rer. nat.)

Fakultät für Chemie und Biowissenschaften

Karlsruher Institut für Technologie (KIT) - Universitätsbereich

genehmigte

DISSERTATION

von

Dipl.-Chem. Tanja Sanden

aus

Bad Friedrichshall

Dekan: Prof. Dr. M. Bastmeyer

Referent: Prof. Dr. P. W. Roesky

Korreferent: Priv.-Doz. Dr. habil. T. Stumpf

Tag der mündlichen Prüfung: 21.12.2012

Bibliografische Information der Deutschen Nationalbibliothek
Die Deutsche Nationalbibliothek verzeichnet diese Publikation in der Deutschen Nationalbibliografie; detaillierte bibliografische Daten sind im Internet über http://dnb.d-nb.de abrufbar.
1. Aufl. - Göttingen : Cuvillier, 2013
Zugl.: Karlsruhe, Univ., Diss., 2012

978-3-95404-339-2

Die vorliegende Arbeit wurde am Karlsruher Institut für Technologie (KIT) im Arbeitskreis von Prof. Dr. Peter W. Roesky von März 2009 bis Dezember 2012 angefertigt.

Nonnenstieg 8, 37075 Göttingen
Telefon: 0551-54724-0
Telefax: 0551-54724-21
www.cuvillier.de

1. Auflage, 2013
Gedruckt auf säurefreiem Papier

978-3-95404-339-2

Wer kämpft, kann verlieren. Wer nicht kämpft, hat schon verloren.

Bertold Brecht

Inhaltsverzeichnis

1. Einleitung 1

1.1 Lanthanoide 1

1.2 Eisen-Schwefel-Cluster 6

1.3 Metall-Metall-Bindungen und Metallcluster 10

1.4 Lanthanoid-Metall-Bindungen 12

1.5 Bis(arylimino)acenaphthen-Liganden und deren Komplexe 15

2. Aufgabenstellung 23

3. Ergebnisse und Diskussion 25

3.1 Synthese der Lanthanoid-Eisen-Schwefel-Cluster 25

3.2 {(dipp-Bian)Ga}-Komplexe der Seltenen Erden und Erdalkalimetalle 31

3.2.1 Darstellung der Lanthanoidkomplexe 31

3.2.1.1 [{(dipp-Bian)Ga}$_2$Ln(thf)$_4$]-Verbindungen (**3-5**) 31

3.2.1.2 [{(dipp-Bian)Ga-Ga(dipp-Bian)}(C$_4$H$_8$O)TmI(thf)$_5$] (**6**) 41

3.2.2 Darstellung der Erdalkalimetallkomplexe 46

3.2.3 Weitere Umsetzungen mit [(dipp-Bian)Ga]$_2$ und [(dipp-Bian)Ga-K(thf)$_5$] 50

3.2.4 Folgereaktionen von [{(dipp-Bian)Ga}$_2$Ln(thf)$_4$] (Ln = Sm (3), Eu (4), Yb (5)) 58

4. Experimenteller Teil 62

4.1 Allgemeines zur Durchführung 62

4.2 Synthesevorschriften und Analytik 63

4.2.1 Darstellung bekannter Ausgangsverbindungen 63

4.2.2 Darstellung der Eisen-Schwefel-Cluster 63

4.2.2.1 Allgemeine Synthesevorschrift 63

4.2.2.2 [Fe$_6$Sm$_2$(μ_3-S)$_6$(μ, η^2-CO)$_4$(CO)$_8$(η^5-C$_5$Me$_5$)$_4$] (**1**) 63

4.2.2.3 [Fe$_6$Yb$_2$(μ_3-S)$_6$(μ, η^2-CO)$_4$(CO)$_8$(η^5-C$_5$Me$_5$)$_4$] (**2**) 64

4.2.3 Darstellung der {(dipp-Bian)Ga}-Komplexe 64

4.2.3.1 [{(dipp-Bian)Ga}$_2$Sm(thf)$_4$] (**3**) 64

4.2.3.2 [{(dipp-Bian)Ga}$_2$Eu(thf)$_4$] (**4**) 65

4.2.3.3 [{(dipp-Bian)Ga}$_2$Yb(thf)$_4$] (**5**) ... 66
4.2.3.4 [{(dipp-Bian)Ga-Ga(dipp-Bian)}(C$_4$H$_8$O)TmI(thf)$_5$] (**6**) ... 66
4.2.3.5 [{(dipp-Bian)Ga}$_2$Ca(thf)$_4$] (**7**) ... 67
4.2.3.6 [{(dipp-Bian)Ga}$_2$Sr(thf)$_4$] (**8**) ... 68
4.2.3.7 [(dipp-Bian)Ga(μ-O)K(thf)$_3$]$_2$ (**9**) ... 68
4.2.3.8 [(dipp-Bian)Ga-Lu(C$_5$H$_5$)$_2$(thf)] (**10**) ... 69
4.2.3.9 [Sm$_2$(COT)$_3$(thf)$_2$] (**11**) ... 70
4.2.3.10 [Eu$_2$(COT)$_3$(thf)$_2$] ... 70
4.3 Kristallstrukturuntersuchungen ... 72
4.3.1 Datensammlung und Verfeinerung ... 72
4.3.2 Daten zu den Kristallstrukturanalysen ... 73
4.3.2.1 [Fe$_6$Sm$_2$(μ_3-S)$_6$(μ, η^2-CO)$_4$(CO)$_8$(η^5-C$_5$Me$_5$)$_4$] (**1**) ... 73
4.3.2.2 [Fe$_6$Yb$_2$(μ_3-S)$_6$(μ, η^2-CO)$_4$(CO)$_8$(η^5-C$_5$Me$_5$)$_4$] (**2**) ... 74
4.3.2.3 [{(dipp-Bian)Ga}$_2$Sm(thf)$_4$] (**3**) ... 75
4.3.2.4 [{(dipp-Bian)Ga}$_2$Sm(thf)$_4$]·(thf)$_2$(Toluol) (**3a**) ... 76
4.3.2.5 [{(dipp-Bian)Ga}$_2$Eu(thf)$_4$] (**4**) ... 77
4.3.2.6 [{(dipp-Bian)Ga}$_2$Yb(thf)$_4$] (**5**) ... 78
4.3.2.7 [{(dipp-Bian)Ga−Ga(dipp-Bian)}(C$_4$H$_8$O)TmI(thf)$_5$]·(thf) (**6**) ... 79
4.3.2.8 [{(dipp-Bian)Ga}$_2$Ca(thf)$_4$] (**7**) ... 80
4.3.2.9 [{(dipp-Bian)Ga}$_2$Sr(thf)$_4$] (**8**) ... 81
4.3.2.10 [(dipp-Bian)Ga(μ-O)K(thf)$_3$]$_2$ (**9**) ... 82
4.3.2.11 [(dipp-Bian)Ga-Lu(C$_5$H$_5$)$_2$(thf)] (**10**) ... 83
4.3.2.12 [Sm$_2$(COT)$_3$(thf)$_2$] (**11**) ... 84
5. Zusammenfassung ... 85
5.1 Zusammenfassung ... 85
5.2 Summary ... 89
6. Literatur ... 94
7. Anhang ... 103
7.1 Verwendete Abkürzungen ... 103

7.2 Persönliche Angaben 105

7.2.1 Lebenslauf 105

7.2.2 Poster und Vorträge 106

7.2.3 Publikationen 107

1. Einleitung

1.1 Lanthanoide

Scandium (Sc), Yttrium (Y) und die fünfzehn Lanthanoide werden zur Gruppe der Seltenerdmetalle zusammengefasst. Die Lanthanoide selbst beginnen mit Lanthan (La) und gehen über die Elemente Cer (Ce), Praseodym (Pr), Neodym (Nd), Promethium (Pm), Samarium (Sm), Europium (Eu), Gadolinium (Gd), Terbium (Tb), Dysprosium (Dy), Holmium (Ho), Erbium (Er), Thulium (Tm) und Ytterbium (Yb) bis zum Lutetium (Lu). Im Periodensystem stehen sie zusammen mit den Actinoiden (Actinium bis Lawrencium) in zwei Reihen getrennt von den restlichen Elementen.[1] Der Begriff der Seltenen Erden ist insofern irreführend, da die Lanthanoide nicht gerade selten vorkommen. Vielmehr entstand der Begriff aufgrund der recht späten Entdeckung dieser Elemente in seltenen Mineralien. In der Reihe der Lanthanoide kommen die Elemente mit gerader Ordnungszahl häufiger vor als Elemente mit ungerader Ordnungszahl. Dies entspricht den allgemeinen Regeln der Elementhäufigkeiten, da Kerne mit gerader Ordnungszahl bei ihrer Entstehung stabiler sind (Harkinsche Regel). Außerdem kommen die leichteren Lanthanoide häufiger vor als ihre schwereren Homologen. Somit ist Cer das häufigste Lanthanoid, es kommt in etwa genauso oft vor wie Nickel bzw. Kupfer und steht an 26. Stelle der häufigsten Elemente. Thulium und Lutetium sind die seltensten Lanthanoide, wobei sie immer noch häufiger vorkommen als z.B. Bismuth, Silber oder sogar Iod. Promethium ist eine Ausnahme, da es aufgrund seines instabilen Isotopes nur als Spaltprodukt von Uran vorkommt.[2]

Die Lanthanoide haben eine große Anwendungsbreite, z.B. werden sie als Leuchtfarbstoffe in Bildröhren von Farbfernsehern verwendet. Die rote Farbe entsteht durch Eu^{3+} dotiertes Yttriumoxid, grün durch Tb^{3+} dotiertes Lanthanoxid. Eine grüne Lumineszenz wird durch Ce^{3+} und Tb^{3+} dotiertes $GdMgB_5O_{10}$ hervorgerufen, blaue Lumineszenz durch Eu^{2+} dotiertes $BaMgAl_{10}O_{17}$ erreicht. Neodym wird in Lasern wie dem Nd-YAG-Laser, Samarium in Permanentmagneten verwendet. Europium und Praseodym kommen in NMR-Shift-Reagenzien zum Einsatz und Cer wird in Zündsteinen für Feuerzeuge angewandt. In Energiesparlampen werden die oben bereits genannten lanthanoiddotierten Verbindungen als Gemisch, das ein weißes Licht ergibt, verwendet.[3] In Nickel-Metallhydrid-Akkumulatoren, welche in vielen elektrischen Geräten und bei einigen Hybridkraftfahrzeugen Anwendung finden, wird u.a. Lanthan verwendet.[4]

Die Seltenerdelemente verfügen über eine große Bandbreite an Koordinationszahlen (6-12), die Geometrie um die Zentralatome wird meist durch den sterischen Anspruch der gebundenen Liganden bestimmt. Die Bindung zwischen Zentralatom und Ligand ist zum Großteil eine elektrostatische Wechselwirkung, wodurch ein Ligandenaustausch relativ einfach möglich ist. Anionische Liganden mit Donoratomen, die eine hohe Elektronegativität beinhalten (wie z.B. Sauerstoff oder Fluor) bzw. harte Lewis-Basen sind, werden bevorzugt gebunden. Die hohe Oxophilie der Lanthanoide führt dazu, dass in der Organolanthanoidchemie unter striktem Ausschluss von Feuchtigkeit und Luft gearbeitet werden muss.[1]

Mit steigender Ordnungszahl der Seltenerdmetalle wird die 4f-Schale nach und nach mit Elektronen gefüllt. Diese Elektronen sind allerdings nicht an Bindungen beteiligt, da sie durch die $5s^2$- sowie $5p^6$-Orbitale abgeschirmt werden. Daher werden die spektroskopischen und magnetischen Eigenschaften kaum von den Liganden beeinflusst. Die 5d- und die 6s-Orbitale liegen, mit der Ausnahme bei Lanthan, energetisch höher als die 4f-Orbitale, deren radiale Ausdehnung kleiner ist, und schirmen die entsprechenden Elektronen nach außen hin relativ stark ab (Abbildung 1).[2] Bei der Bildung der Ionen werden daher zuerst die Elektronen aus den 6s- und 5d-Schalen entfernt, was zur stabilsten Oxidationsstufe +3 und einer Elektronenkonfiguration von $[Xe]4f^n$ führt.

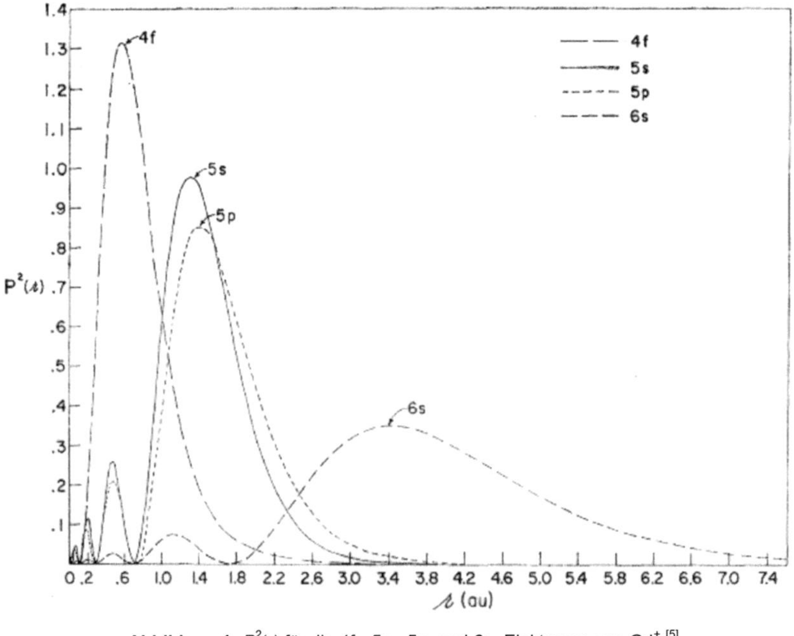

Abbildung 1: P^2(r) für die 4f-, 5s-, 5p- und 6s- Elektronen von Gd^+.[5]

Die Atomradien, sowie die Ionenradien der dreiwertigen Lanthanoide, nehmen mit steigender Ordnungszahl ab (Lanthanoidenkontraktion), da die steigende effektive Kernladung zunimmt (Tabelle 1). Bei den Atomradien sind zwei Ausnahmen bekannt: Bei Europium und Ytterbium sind nur zwei Elektronen an der metallischen Bindung beteiligt, weswegen die Atomradien größer als die der benachbarten Elementen sind. Die Abgabe von zwei statt drei Elektronen ist begünstigt, da dadurch eine halb- bzw. vollbesetzte 4f-Schale entsteht, welche stabiler ist.

Tabelle 1: Ionenradien der dreiwertigen Lanthanoide.[6]

Lanthanoid	Ordnungs-zahl	Ionenradius [pm]	Lanthanoid	Ordnungs-zahl	Ionenradius [pm]
La^{3+}	57	103.2	Tb^{3+}	65	92.3
Ce^{3+}	58	101.0	Dy^{3+}	66	91.2
Pr^{3+}	59	99.0	Ho^{3+}	67	90.1
Nd^{3+}	60	98.3	Er^{3+}	68	89.0
Pm^{3+}	61	97.0	Tm^{3+}	69	88.0
Sm^{3+}	62	95.8	Yb^{3+}	70	86.8
Eu^{3+}	63	94.7	Lu^{3+}	71	86.1
Gd^{3+}	64	93.8			

Die Lanthanoidenkontraktion kommt durch die schlechte Abschirmung der Valenzelektronen von der Kernladung durch die 4f-Elektronen zustande. Die schlechte Abschirmung der Kernladung durch die zusätzlichen f-Elektronen führt dazu, dass die effektive Kernladung, die auf alle Valenzelektronen wirkt, leicht steigt und somit das Ion bzw. das Atom kontrahiert. Durch die Nichtbeteiligung der f-Elektronen an der Bindung entsteht eine Reihe an Elementen, die über gleiche Reaktivität verfügen, jedoch sehr unterschiedliche Ionenradien haben.[1-2]

Zusätzlich zu der schon genannten, stabilsten Oxidationsstufe von +3 sind auch die Oxidationsstufen +4, hauptsächlich bei Cer, und +2, vor allem bei Samarium, Europium, Ytterbium und Thulium, bekannt. Die zweiwertigen Lanthanoide weisen sehr ähnliche Eigenschaften zu den Erdalkalimetallen auf, wie z. B. die Ionenradien mit 100 pm (Ca^{2+}) und 102 pm (Yb^{2+}) sowie 118 pm (Sr^{2+}), 117 pm (Eu^{2+}) und 117 pm (Sm^{2+}). In beiden Fällen basieren die Bindungen und Strukturen der Komplexe auf elektrostatischen Wechselwirkungen und sterischen Effekten.[7]

Anfangs spielten die Lanthanoide, vor allem Ce^{4+} und Sm^{2+}, nur eine Rolle als Ein-Elektronen-Übertragungsreagenz in organischen Synthesen. Seltenerdmetallverbindungen, die eine σ- oder π-Bindung zu Kohlenstoff enthalten, sind wesentlich reaktiver gegenüber Luftsauerstoff bzw. Luftfeuchtigkeit als die entsprechenden Verbindungen der Übergangsmetalle. So gibt es kein Analogon zu Ferrocen, welches sowohl luft- als auch temperaturstabil ist. Kann man bei den Übergangsmetallen die Stabilität eines Komplexes mit Hilfe der 18-Elektronen-Regel und die Geometrie durch die Kristallfeld- bzw. die Molekülorbital-Theorie recht gut vorhersagen, gelingt dies bei den Lanthanoiden nicht mehr. Aufgrund der hohen Anzahl an Elektronen sowie der relativistischen Effekte, steigt die Komplexität theoretischer Modelle und es ist kaum möglich, die elektronischen und geometrischen Strukturen vorherzusagen. Des Weiteren werden die Koordinationszahlen auch durch sterische Effekte entweder der Metallkationen selbst oder der Liganden bestimmt.

In der Organometallchemie der Lanthanoide spielten der monoanionische Cyclopentadienyl-Ligand (Cp) und seine Derivate eine große Rolle. Mit dem Cp-Liganden sind prinzipiell kovalent- und anionisch-gebundene Komplexe möglich, aufgrund ihrer Elektronenkonfiguration bilden die Lanthanoide jedoch hauptsächlich ionische Bindungen zum Cp-Liganden aus. Hierbei besetzt ein η^5-gebundener Cp-Ring drei Koordinationsplätze am Lanthanoid. Somit sind Komplexe möglich, bei denen ein bis drei Cp-Ringe an ein Lanthanoid koordiniert sind. Bei Übergangsmetallkomplexen koordinieren maximal zwei Cp-Liganden an das Metallatom. Der Komplex $[Ln(C_5H_5)_3(thf)]$ ist für alle Lanthanoide bekannt, jedoch sehr empfindlich gegenüber Sauerstoff oder Feuchtigkeit. Da der Cp*-Ligand sterisch anspruchsvoller und auch elektronenreicher als sein unsubstituiertes Analogon ist, gibt es nur wenige Lanthanoide (La bis Sm, Gd), die einen $[LnCp^*_3]$-Komplex bilden können.[2]

Der Schwerpunkt der Forschung an Organolanthanoidverbindungen liegt auf der Entwicklung neuer Katalysatoren für organische Synthesen. Dabei seien vor allem Hydroaminierungs-,[8] Hydrosilylierungs-[9] und Polymerisationsreaktionen[10] erwähnt.

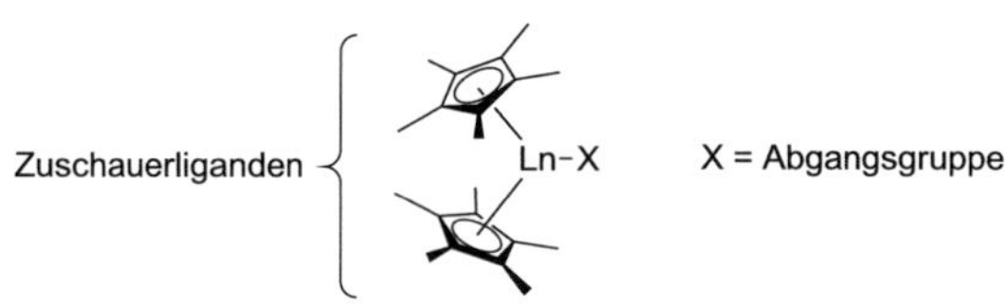

Schema 1: Idealer Aufbau eines Lanthanoid-Katalysators.

Ein effektiver Lanthanoid-Katalysator (Schema 1) besteht aus einem reaktiven Metallzentrum, einer Abgangsgruppe, die eine freie Koordinationsstelle am Metallzentrum schafft, sofern keine vorhanden ist, und einem Zuschauerliganden, der den Komplex stabilisiert, aber nicht am Reaktionsgeschehen teilnimmt. Als Abgangsgruppen eignen sich Alkyle wie z.B. Trimethylsilylmethanid (TMS) und Amide wie das Bistrimethylsilylamid (BTSA). Neben dem Cyclopentadienyl-Liganden werden als Zuschauerliganden hauptsächlich monoanionische Liganden wie Amidinate,[11] β-Diketiminate,[12] Aminotroponiminate[13] und Bis(phosphinimino)methanide[9b, 14] sowie dianionische Liganden wie z.B. Diamide,[15] Biphenolate[16] und Binaphtholate[17] verwendet.

Im Gegensatz zu den Übergangsmetallen sind keine stabilen Carbonyle mit den Lanthanoiden realisierbar.[2] Übergangsmetallcarbonylkomplexe sind aufgrund der σ-Hinbindung vom Ligand zum Metall und der π-Rückbindung vom Metall zum Ligand stabil. Eine solche Bindungssituation ist mit den Lanthanoiden nicht möglich, da die gefüllten Metallorbitale energetisch zu tief liegen, um mit den Liganden wechselwirken zu können.[1] Mit Hilfe von IR-Spektren konnten die Verbindungen $[Ln(CO)_x]$ (Ln = Pr, Nd, Eu, Gd, Ho, Yb; x = 1-6) identifiziert werden. Diese entstehen durch Kokondensation der Metalle mit Kohlenstoffmonoxid in einer Argon-Matrix bei 4 K, oberhalb von 40 K kommt es zur Zersetzung. Lanthanoidverbindungen, die unter anderem Carbonylgruppen als Liganden enthalten, sind im Zusammenhang mit Übergangsmetallen schon länger bekannt. Bei der Umsetzung von $Co_2(CO)_8$ mit $[Cp^*_2Yb]$ bildet sich in THF der Komplex $[Cp^*_2Yb(thf)\text{-O-C-}Co(CO)_3]$.[18] Außerdem wurde die Reaktion von CO mit den zweiwertigen Metallocenen $[Cp^*_2Ln]$ (Ln = Sm, Eu, Yb) in einer Toluol- bzw. Methylcyclohexanlösung in einer Hochdruckinfrarotzelle untersucht.[19] Bei erhöhtem Kohlenstoffmonoxiddruck konnten die Monocarbonylkomplexe für Samarium und Europium beobachtet werden. Die Frequenzen der CO-Streckschwingungen sind mit $\tilde{\nu}_{CO}$ = 2153 cm^{-1} für $[Cp^*_2Sm(CO)]$ und $\tilde{\nu}_{CO}$ = 2150 cm^{-1} für $[Cp^*_2Eu(CO)]$ größer als die für freies CO ($\tilde{\nu}_{CO}$ = 2134 cm^{-1}).[19] Im Gegensatz dazu ist die Frequenz $\tilde{\nu}_{CO}$ = 2114 cm^{-1} für $[Cp^*_2Yb(CO)]$ bei einem Druck unter zwei bar kleiner als die von freiem CO. Mit CO-Drücken größer zwei bar bildet sich das Addukt $[Cp^*_2Yb(CO)_2]$ mit einer noch geringeren Frequenz $\tilde{\nu}_{CO}$ = 2072 cm^{-1}.[19] DFT-Rechungen der Verbindungen $[Cp_2Yb(CO)]$ und $[Cp_2Yb(CO)_2]$ zeigen, dass die zweiwertigen Lanthanoidmetallocene ihre 4f-Elektronen nicht für einen Charge Transfer auf die CO-Liganden nutzen können.[20] Das bedeutet, dass eine Rückbindung nicht der Grund für die Verschiebung der Frequenzen der CO-Streckschwingungen bei den CO-Addukten von $[Cp^*_2Yb]$ zu kleineren Werten hin ist. Außerdem zeigen die Rechnungen, dass die experimentellen Werte von $\tilde{\nu}_{CO}$ durch theoretische Berechnungen nur bestätigt werden können, wenn das Carbonyl über das Sauerstoffatom und nicht über das Kohlenstoffatom an das Ytterbiumatom gebunden ist.[20]

1.2 Eisen-Schwefel-Cluster

Schwefelverbrückte Eisensulfid-Cluster findet man in den Aktivitätszentren einiger nicht-hämgebundener Eisen-Ferredoxine und Enzyme, wie z.B. Hydrogenasen. Diese kommen in Mikroorganismen vor, die dafür bekannt sind, im Laufe ihres natürlichen Metabolismus molekularen Wasserstoff zu produzieren. Seit mehreren Jahrzehnten interessieren sich Chemiker für die Darstellung von Modellverbindungen, in denen solche Eisensulfidzentren vorhanden sind.[21] Mit diesen Modellverbindungen soll versucht werden, das katalytische Verhalten der Hydrogenasen zu verstehen und anschließend in der Anwendung zu etablieren.

Als aktive Zentren in einigen Hydrogenasen bzw. Nitrogenasen wurden kürzlich bimetallische Eisencarbonyl-Schwefelkerne, wie z.B. [MoFe] und [NiFe], gefunden.[22] Diese Komplexe können dazu dienen, kostengünstige Brennstoffzellen und Wasserstoffkatalysatoren für die Elektrolyse von Wasser zu entwickeln, die den Enzymen nachempfunden sind. Es konnten einige synthetische Modellkomplexe mit geringem Molekulargewicht dargestellt werden, die den Aktivitätszentren der [NiFe]-Hydrogenase entsprechen (Schema 2).[23]

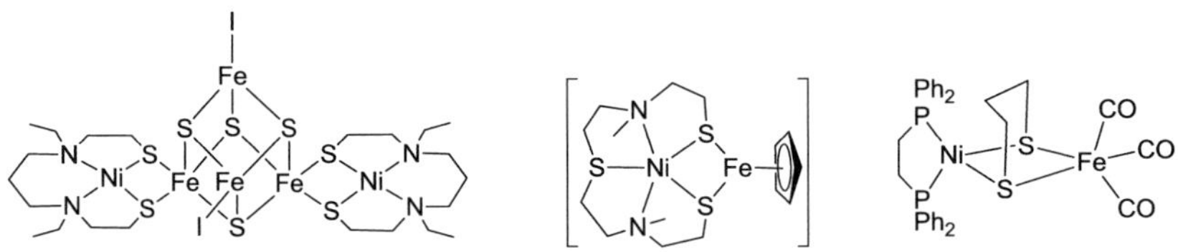

Schema 2: Beispiele für synthetische Modellkomplexe der Hydrogenasen.[23]

Besondere Aufmerksamkeit gilt den anorganischen Fe_4S_4-Clustern, die halogen- oder schwefelhaltige Liganden enthalten (Schema 2). Solche Komplexe können helfen, Struktur und Reaktivität beispielsweise der [NiFe]-Hydrogenase zu verstehen. Zusätzliches Interesse besteht aktuell an nichtbiologischen, metallorganischen Eisenchalkogenidclustern mit Carbonyl- bzw. Cyclopentadienyl-Liganden.[24] Diese Komplexe zeigen oftmals eine sehr interessante Redoxchemie mit faszinierender katalytischer Aktivität. Während der katalysierten Bildung von molekularem Wasserstoff, vermutlich als Zwei-Elektronentransfer, durchläuft der Eisencarbonyl-Schwefelkern einen oder mehrere Reduktionsschritte, die mittels elektrochemischer sowie theoretischer Methoden untersucht wurden.

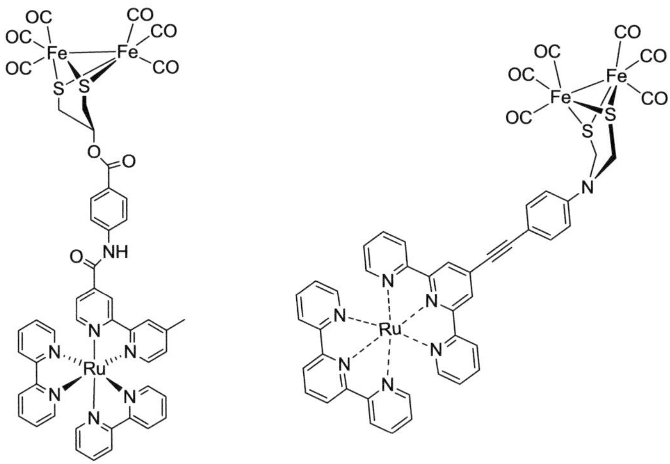

Schema 3: Modellverbindungen der Eisen-Hydrogenaseaktivitätszentren in supramolekularen Systemen zur lichtgesteuerten Wasserstoffproduktion.[24b]

Im Fall der in Schema 3 gezeigten Rutheniumkomplexe soll das rutheniumhaltige Fragment durch Photonen in den angeregten Zustand versetzt werden. Durch eine Elektronenübertragung vom Rutheniumfragment auf den dinuklearen Eisenteil des Komplexes relaxiert das Rutheniumfragment wieder in den Ausgangszustand und eine reduzierte Eisenspezies entsteht. Nach der Regenerierung des Photosensibilisators durch einen externen Elektronendonor kann der gesamte Prozess wiederholt werden. Nach insgesamt zwei Durchgängen sollten sich zwei Elektronen bei der Eiseneinheit sammeln. Diese sollte nun eine ausreichende Reduktionskraft haben, um zwei Protonen zu elementarem Wasserstoff reduzieren zu können.[24b]

Der Gruppe von *Reek* gelang es 2008, einen ähnlichen Komplex mit Zink(II)-Porphyrinen als Chromophore zu synthetisieren.[25] In verschiedenen Versuchen konnten sie zeigen, dass mit diesen Komplexen Licht als primäre Energiequelle zur Produktion von molekularem Wasserstoff genutzt werden kann. Auch hier werden die Licht absorbierenden Chromophore über eine Seitenkette an den biomimetischen [2Fe2S]-Hydrogenasegrundbaustein in dichte Nachbarschaft gebracht, um den photoinduzierten Elektronentransfer zum aktiven Dieisenzentrum zu vereinfachen. Interessant ist hierbei, dass trotz der nahen Verwandtschaft zu diesen Komplexen andere [2Fe2S]-Komplexe mit sehr ähnlichen elektrokatalytischen Eigenschaften ein komplett unterschiedliches Verhalten bezüglich der Photoreduktion zeigen. Bemerkenswerterweise erfordert das wasserstoffproduzierende System von *Reek et al.* zwei unterschiedliche Chromophore. In Untersuchungen konnte gezeigt werden, dass die [2Fe2S]-Einheit im Grundzustand den Singulett-Anregungszustand der Zn(II)-Chromophore durch einen strahlungslosen Übergang effizient beenden kann. Dieser Übergang findet durch einen Elektronentransfer vom angeregten Makrozyklus-Sensibilisator auf den [2Fe2S]-Kern statt.[25]

Eisen-Schwefelcluster mit Butterflystruktur, die schwefelzentrierte Anionen wie $[(\mu\text{-}S^-)_2Fe_2(CO)_6]$ und $[(\mu\text{-}S^-)(\mu\text{-}RS)Fe_2(CO)_6]$ enthalten, wurden 1979 in der Arbeitsgruppe um *Seyferth* entdeckt.[26] Mittels der Hieberschen Basenreaktion wird aus Eisencarbonyl $Fe(CO)_5$ und einer Base das Anion $[HFe(CO)_4]^-$ generiert, welches dann mit dem Polysulfid Na_2S_5 zu $Fe_2S_2(CO)_6$ (Schema 4**a**) und $Fe_3S_2(CO)_9$ (Schema 4**b**) reagiert. Die beiden Verbindungen können durch Sublimation getrennt werden.[26] In $Fe_2S_2(CO)_6$ (Schema 4**a**) bilden zwei $Fe(CO)_3$-Einheiten eine Eisen-Eisen-Bindung, die über einen S_2-Liganden verbrückt sind. Daraus ergeben sich mehrere Möglichkeiten zur Reaktion für diese Verbindung. Zum einen enthält sie potentiell reaktive S-S- sowie Fe-Fe-Bindungen und die Möglichkeit die CO-Liganden durch andere Lewisbasen auszutauschen. Außerdem enthält sie den elektronenreichen S_2-Liganden, bei dem die Schwefelatome potentielle Elektronendonoren sind.

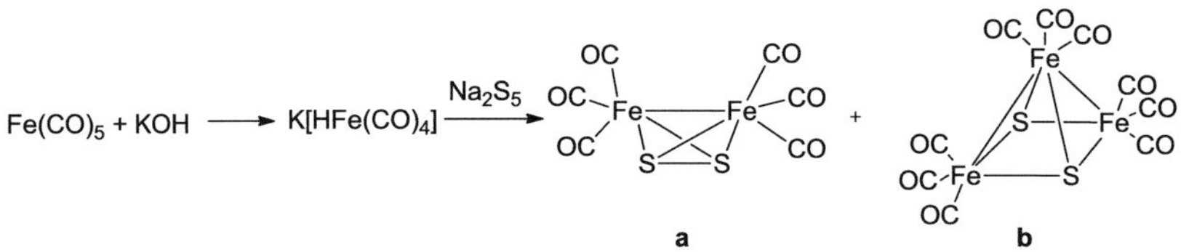

Schema 4: Darstellung von $Fe_2S_2(CO)_6$ (**a**) und $Fe_3S_2(CO)_9$ (**b**).[26]

Das Dianion von $Fe_2S_2(CO)_6$ (Schema 4**a**) wurde erstmals durch Reduktion mit Na bzw. KH synthetisiert, es kann aber auch mit dem Superhydrid Lithiumtriethylborhydrid dargestellt werden.[27] Durch die große Reaktionsbereitschaft des Dianions ist es ein verbreitetes Reagens zur Darstellung von Komplexen, die Eisen-Schwefelcluster beinhalten. So reagiert $[Fe_2S_2(CO)_6]^{2-}$ mit diversen Alkylmono- und -dihalogeniden zu offenen (Schema 5**a**) und geschlossenen (Schema 5**b**) Eisen-Schwefelclustern.[27] Bei Reaktionen mit Übergangsmetallphosphanen (Schema 5**c**) sowie mit Hauptgruppenmetallen mit organischen Resten (Methyl-, Ethyl-, Phenyl- und n-Butylreste) (Schema 5**d**) bindet nur ein Dianion, mit Hauptgruppen- und Übergangsmetallhalogeniden binden zwei Dianionen (Schema 5**e** und **f**).[26]

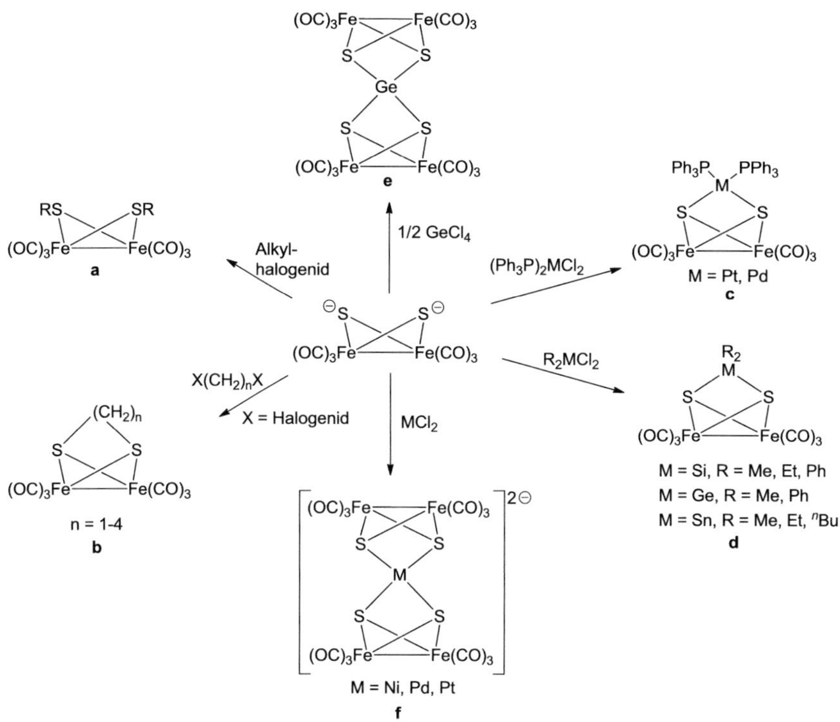

Schema 5: Verschiedene Reaktionsmöglichkeiten von $[Fe_2S_2(CO)_6]^{2-}$.[26-27]

Schwefelhaltige Eisencarbonylderivate können nicht nur di-, sondern auch trinuklear vorliegen ($[Fe_3S_2(CO)_9]$) (Schema **4b**). Diese trinukleare Verbindung wurde hauptsächlich in Ligandenaustauschreaktionen untersucht. Mit Phosphan- bzw. Arsanliganden kommt es zum Austausch von einer bzw. bei höheren Temperaturen und höherer Ligandkonzentration von zwei Carbonylgruppen.

Größere Eisen-Schwefelcluster als di- und trinukleare entstehen je nach Verhältnis von Eisencarbonyl zum Polysulfid bzw. bei Reaktionen von Eisencarbonyl mit längeren Polysulfidketten.[24a] So bildet sich das Anion $[Fe_6S_6(CO)_{12}]^{2-}$ aus Pentacarbonyleisen mit K_2S_4 und S_8-Schwefel in DMF. Unterschiede in der Redoxchemie von anorganischen Clustern mit Fe_6S_6-Kern und organometallischen Eisen-Schwefelclustern können in Cyclovoltamogrammen beobachtet werden. So kommen bei den organometallischen Eisen-Schwefelclustern im Cyclovoltamogramm mehr Redoxwellen vor als bei anorganischen Clustern mit dem Fe_6S_6-Kern.[24a]

1.3 Metall-Metall-Bindungen und Metallcluster

Mit mehrkernigen Metallkomplexen, bei denen keine direkte Metall-Metall-Bindung vorliegt, die aber durch Brückenliganden erhalten werden können, beschäftigte sich bereits *A. Werner* um das Jahr 1900.[28] Seit den Pionierarbeiten von *F. A. Cotton* in der Mitte der 60er Jahre des 20. Jahrhunderts über Metall-Metall-Mehrfachbindungen, sind Metallcluster in der Übergangsmetallchemie gut bekannt.[29] Bei Clustern handelt es sich um Moleküle, die eine endliche Gruppe von Metallatomen enthalten, die ausschließlich oder zumindest in beträchtlichem Maße von Metall-Metall-Bindungen zusammengehalten werden.[28] In den meisten Fällen werden die Cluster durch eine Ligandenhülle stabilisiert, es sind jedoch auch nackte Metallcluster bekannt, bei denen die Ligandenhülle fehlt. Clusterverbindungen sind für fast jedes Metall bekannt, wobei die Bindungsordnung je nach Metall zwischen eins und vier liegen kann.[30] Im letzten Jahrzehnt wurde verstärkt an neuen und ungewöhnlichen Metall-Metall-Bindungen geforscht.[31] Zusätzlich zu den Bemühungen, neue Kombinationsmöglichkeiten an Metall-Metall-Bindungen zu finden, wurden auch die Eigenschaften der Bindungen und ihre Reaktivität untersucht. So postulierte *Pauling* bereits in „The Nature of the Chemical Bond“ eine kovalente Bindung zwischen den Eisenatomen im Nonacarbonyldieisen[32] $Fe_2(CO)_9$. Dieses Postulat war ein wichtiger Beitrag zur Einführung der 18-Elektronen-Regel.[33] Bei großen, metallreichen Systemen reichten diese Erklärungen allerdings nicht mehr aus, da bei Clustern mit mehr als sechs direkt verbundenen Metallatomen angenommen wird, dass sie Mehrzentrenbindungen und delokalisierte Elektronen enthalten. In diesen Clustern können bereits charakteristische Eigenschaften elementarer Metalle, wie z.B. Lichtabsorption und -reflexion, Redoxaktivitäten und Verformbarkeit in rudimentärer Form auftreten.

Metall-Metall-Einfachbindungen in der bimetallischen Sandwichverbindung Dizinkocen ($[(\eta^5\text{-}C_5Me_5)Zn\text{-}Zn[(\eta^5\text{-}C_5Me_5)]]$)[34] oder in einigen Metallcarbonylen wie z.B. $[(CO)_5Mn\text{-}Mn(CO)_5]$ und $[Ir_4(CO)_{12}]$ können als 2-Zentren/2-Elektronen-σ-Bindung beschrieben werden (Schema 6).[35]

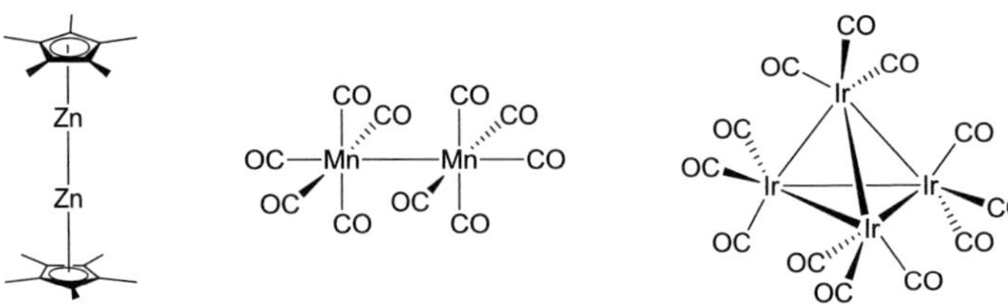

Schema 6: Beispiele für Metall-Metall-Einfachbindungen.[34-35]

Durch π- bzw. δ- Überlappung der d-Orbitale kann eine Einfachbindung zur Mehrfachbindung erweitert werden (Abbildung 2). So kann es zu Dreifach-, Vierfach- oder sogar zur formalen Fünffachbindung wie z.B. im dimeren Chromterphenylkomplex[36] kommen. Zusätzlich können diese Mehrfachbindungen durch Brückenliganden gebildet werden, bei der ein verbrückender Ligand die Metall-Metall-Bindung unterstützt. Hierbei kann von der Bindungslänge nicht auf die Bindungsordnung geschlossen werden, da diese unter anderem auch durch sterische Zwänge des Liganden verkürzt sein kann und die Bindungslänge zwischen den Atomen bei steigender Bindungsordnung abnimmt.

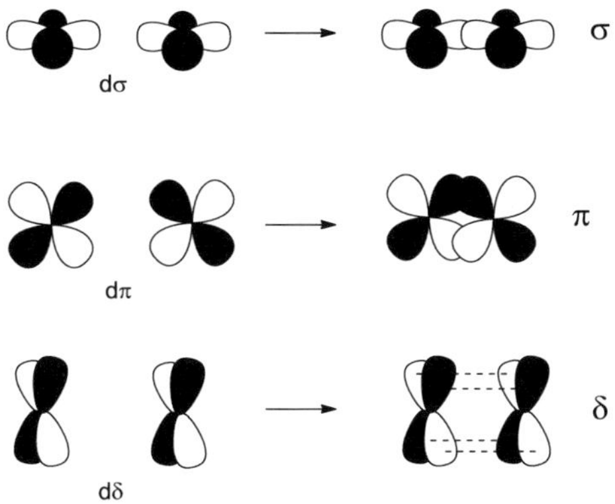

Abbildung 2: Überlappung der d-Grenzorbitale mit σ-, π- und δ-Symmetrie bezüglich der Kernverbindungsachse.[37]

Um die Bindungsordnung zu bestimmen, werden nicht nur die Bindungslängen in Kristallstrukturen untersucht, sondern auch theoretische Rechnungen durchgeführt. Vor allem die formale Fünffachbindung zwischen zwei Chromatomen in diversen Verbindungen ist intensiv erforscht worden. Das größte Problem stellt allerdings die nicht einheitliche Definition der Mehrfachbindungen in der Quantenchemie dar, da die Bindungsordnung ein chemisches Konzept, jedoch keine experimentell bestimmbare Größe ist.[38] Neben weiteren stabilen Chromverbindungen mit einer formalen Fünffachbindung zwischen den Chromzentren[39] konnten auch Gallium-Gallium-Dreifachbindungen[40] (Schema 7**a**) realisiert werden. Mit Hilfe von sterisch anspruchsvollen Liganden wie unterschiedlich substituierten Terphenyl-Liganden (Schema 7**b**) oder Tbt (2,4,6-tris[bis(trimethylsilyl)methyl]phenyl) bzw. Bbt (2,6-bis[bis(trimethylsilyl)-methyl]-4-[tris(trimethylsilyl)methyl]phenyl) (Schema 7**c**) konnten auch Metall-Metall-Bindungen mit den schweren Elementen der Gruppen 14[41] und 15[42] synthetisiert werden. Besondere Aufmerksamkeit wurde auf diverse Zink-Zink-gebundene Spezies[43] wie z.B. das Dizinkocen und die vor kurzem veröffentlichte Magnesium-Magnesium-

Bindung[44] (Schema 7**d**) gelegt, die neue Möglichkeiten zur Erforschung der Metall-Metall-Bindungen eröffnet haben.

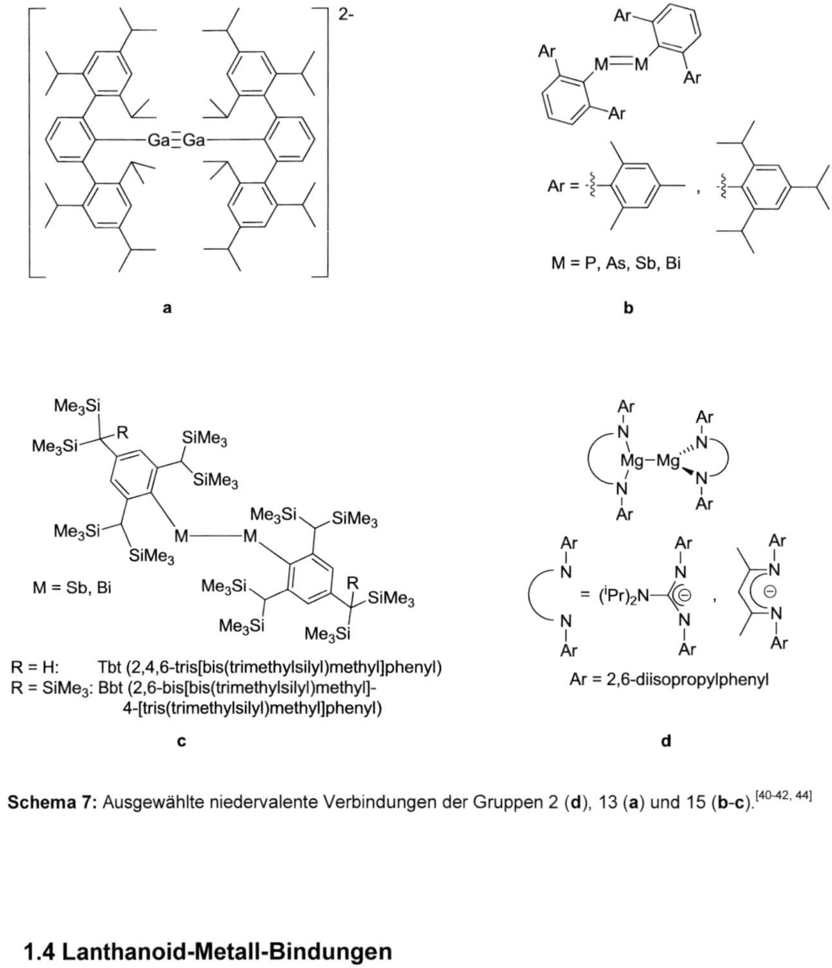

Schema 7: Ausgewählte niedervalente Verbindungen der Gruppen 2 (**d**), 13 (**a**) und 15 (**b-c**).[40-42, 44]

1.4 Lanthanoid-Metall-Bindungen

Metall-Metall-Bindungen in Seltenerdelementkomplexen wurden wenig erforscht, da keine Orbitale zur Ausbildung einer kovalenten Bindung zur Verfügung stehen.[5] In metallorganischen Verbindungen der Lanthanoide liegen hauptsächlich ionische Wechselwirkungen zwischen dem Seltenerdelement und den Liganden vor. Wechselwirkungen zwischen Seltenerdelementen und Metallen können zum Beispiel über ein Metallat, welches als anionischer Ligand funktioniert, ausgebildet werden.[45] Desweiteren können solche intermetallische Bindungen auf Dipol-Dipol-Wechselwirkungen[46] zurückgeführt oder als Donor-Akzeptor-Addukte[47] beschrieben werden.

Die Beispiele der nicht unterstützten Metall-Lanthanoidverbindungen des letzten Jahrhunderts sind hauptsächlich auf Ge-Ln wie $[(Ph_2Ge)_4Yb(thf)_4]\cdot 4THF$[48] (Schema 8**a**) und $[Eu(GePh_3)_2(dme)_3]$[49] (Schema 8**b**) sowie auf Sn-Ln-Verbindungen wie $[Yb(SnNep_3)_2(thf)_2]$ (Nep = 2,2-dimethylpropyl)[50] (Schema 8**c**) und $[\{(Me_3Sn)_3Sn\}_2Ln(thf)_4]$ (Ln = Sm, Yb)[51] (Schema 8**d**) beschränkt. Verbindungen bei denen Germanium- und Zinn-Analoga synthetisiert werden konnten sind z.B. $[(Ph_3E)_2Ln(thf)_4]$ (E = Ge, Sn; Ln = Eu, Yb)[52], $[(\eta^5\text{-}C_5H_5)_2Ln\text{-}EPh_3]$ (E = Ge, Sn; Ln = Er, Yb)[53]. Für lange Zeit war $[(thf)(\eta^5\text{-}C_5H_5)_2Lu\text{-}Ru(CO)_2(\eta^5\text{-}C_5H_5)]$ die einzige Verbindung mit einer Metall-Metall-Bindung zwischen einem d-Metall und einem Lanthanoid.[54]

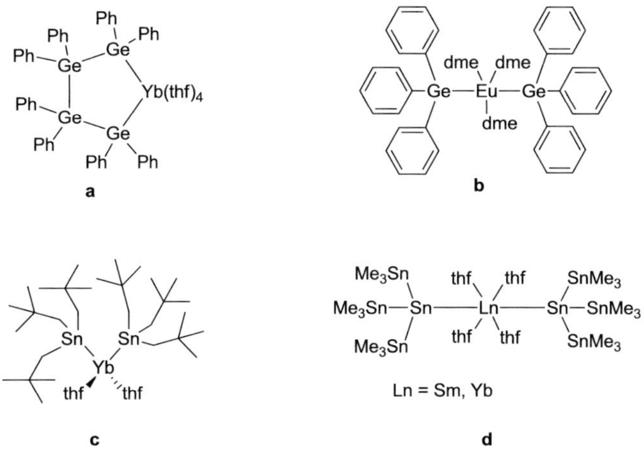

Schema 8: Ausgewählte Germanium- und Zinn-Lanthanoidverbindungen.

2006 veröffentlichte unsere Arbeitsgruppe die Verbindungen $[(\eta^5\text{-}C_5Me_5)_2Ln\text{-}Al(\eta^5\text{-}C_5Me_5)]$ (Ln = Eu, Yb), welche die ersten Komplexe mit Bindungen zwischen einem Metall der Gruppe 13 und den 4f-Elementen waren (Schema 9).[46] Die Festkörperstrukturen dieser Verbindungen enthielten einzelne Lewis-Säure-Base-Addukte, ungewöhnlich kurze intermolekulare Kontakte konnten nicht beobachtet werden.

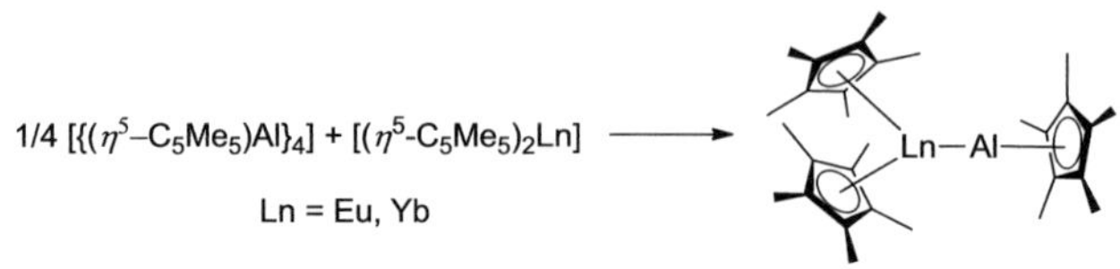

Schema 9: Darstellung der Cp*Al-LnCp*$_2$-Addukte.

Kurz nach der Entdeckung der Aluminium-Lanthanoidkomplexe, veröffentlichten *P. Arnold*, *C. Jones* und unsere Arbeitsgruppe Gallium-Lanthanoidkomplexe.[47, 55] Kürzlich wurde unabhängig voneinander in zwei Publikationen von Bor-Lanthanoidbindungen in Komplexen berichtet.[56] Heutzutage sind einige Beiträge in diesem Bereich bekannt.[57] In der Chemie der Gruppe 14 wurde von weiteren niedervalenten Komplexen, die eine Zinn-Lanthanoidbindung enthalten, berichtet.[58] Neben der Entwicklung in der Hauptgruppenchemie wurden ebenfalls faszinierende Verbindungen mit Metall-Metallbindungen zwischen d-Metallen und Seltenerdelementen durch mehrere Gruppen veröffentlicht.[59] In einigen kürzlich erschienenen Reviews wurde ein allgemeiner Überblick gegeben.[60] Gallium-Lanthanoidbindungen wurden bis jetzt über zwei verschiedene Synthesewege dargestellt. Eine Möglichkeit besteht in der Reaktion einer lewisbasischen Gallium(I)-Verbindung wie z.B. [(η^5-C_5Me_5)Ga] mit einem lewissauren Lanthanoidkomplex (z.B. ein Metallocen der Lanthanoide) zu den Verbindungen [(η^5-C_5Me_5)$_2$Eu-{Ga(η^5-C_5Me_5)}$_2$] und [(η^5-C_5Me_5)$_2$(thf)Yb-Ga(η^5-C_5Me_5)] (Schema 10**a** und **b**).[47]

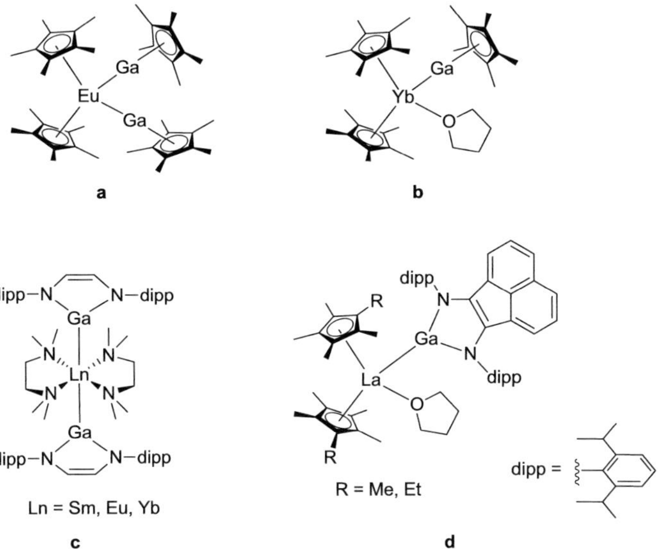

Schema 10: Ausgewählte Verbindung mit nicht unterstützten Lanthanoid-Gallium-Bindungen: $[(\eta^5\text{-}C_5Me_5)_2Eu\{Ga(\eta^5\text{-}C_5Me_5)\}_2]$ (**a**) und $[(\eta^5\text{-}C_5Me_5)_2(thf)Yb\text{-}Ga(\eta^5\text{-}C_5Me_5)]$ (**b**); $[Ln(Ga\{(ArNCH)_2\})_2(tmeda)_2]$ (**c**) und $[(dipp\text{-}Bian)Ga\text{-}La(C_5Me_4R)_2(thf)]$ (**d**).[47, 55b, 57a]

Der andere Zugang ist durch Salzmetathese eines Lanthanoidhalogenids mit einem anionischen Galliumkomplex. Über diese Syntheseroute werden z.B. die divalenten Bisgallium-Lanthanoidkomplexe $[Ln(Ga\{(ArNCH)_2\})_2(tmeda)_2]$ (Ln = Sm, Eu, Yb; Ar = 2,6-*i*Pr_2-C_6H_3) (Schema 10**c**) und der trivalente Monogalliumkomplex $[Tm(Ga\{(ArNCH)_2\})_2\text{-}\{(ArNCH)_2\}(tmeda)]$ durch die Reaktion von LnI_2 mit $[K(tmeda)][Ga\{(ArNCH)_2\}]$ dargestellt.[55b] In der Gruppe von *Fedushkin et al.* konnten mit einem ähnlichen Verfahren, ausgehend von der anionischen Galliumverbindung $[(dipp\text{-}Bian)Ga\text{-}Na(Et_2O)_3]$ (dipp-Bian = 1,2-bis[(2,6-diisopropylphenyl)imino]-acenaphthen) mit $[(C_5Me_4Et)_2LaCl_2][K(thf)_2]$ oder $[(C_5Me_5)_2LaCl_2][Na(Et_2O)_2]$, die ersten Komplexe mit einer Gallium-Lanthan-Bindung $[(dipp\text{-}Bian)Ga\text{-}La(C_5Me_4Et)_2(thf)]$ und $[(dipp\text{-}Bian)Ga\text{-}La(C_5Me_5)_2(thf)]$ dargestellt werden (Schema 10**d**).[61]

1.5 Bis(arylimino)acenaphthen-Liganden und deren Komplexe

Bis(arylimino)acenaphthen-Liganden (Ar-Bian) wie z.B. dipp-Bian (dipp = 2,6-(diisopropyl)-phenyl) und mes-Bian (mes = 2,4,6-(trimethyl)phenyl) sind schon seit einigen Jahren als vielfältige Liganden in der Koordinationschemie bekannt (Schema 11).[62] Das Interesse an diesen Liganden ist jedoch erst seit Beginn der 90er Jahre durch die Arbeiten von *van Asselt* und *Elsevier* gestiegen.[63] Mit der Ausnahme von (Bian)$PtCl_2(C_2H_4)$ von *Maresca et al.* 1975,[64] dauerte es ca. 30 Jahre bis die besondere Eignung der Ar-Bian-Systeme, aufgrund ihrer bemerkenswerten elektronischen und sterischen Eigenschaften, als chelatisierende Liganden bemerkt wurde.

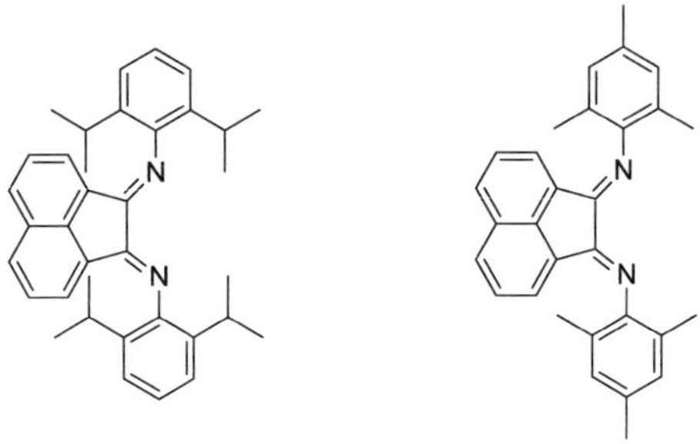

dipp-Bian mes-Bian

Schema 11: Die Bis(arylimino)acenaphthen-Liganden dipp-Bian und mes-Bian.[62a]

Ar-Bian-Liganden enthalten einen 1,4-Diaza-1,3-butadien-Teil (DAB), der mit einer Naphthalineinheit zusammengefügt ist. Durch die Kombination des umfangreichen π-Systems vom Naphthalin mit der starren *s-cis*-Diimin-Einheit ist dieser Ligand prädestiniert für die Chelatisierung an ein Metallzentrum. Freie DAB-Liganden, die nicht an ein Metallzentrum binden, nehmen die *s-trans*-Konformation ein. Diese Konformation ist nur aufgrund des flexiblen N=C-C=N Rückgrats möglich und durch die Abstoßung der freien Elektronenpaare an den Stickstoffatomen sowie der besseren Überlappung der p-Orbitale der Stickstoffatome mit dem C=N π-System nötig.[65] Die Ar-Bian-Liganden haben aufgrund ihres starren Rückgrats zwar nur eine beschränke Anzahl an Bindungsmöglichkeiten, dafür sind die gebildeten Metallkomplexe stabil.

Zur Stabilisierung von Metallkomplexen hat sich 1,2-Bis[(2,6-diisopropylphenyl)-imino]-acenaphthen (dipp-Bian) als am besten erwiesen. Dimere Strukturen mit verbrückendem dipp-Bian werden durch die gute Abschirmung der freien Elektronenpaare am Stickstoff durch die Isopropylgruppen der Phenylsubstituenten verhindert. Diese Besonderheit des Liganden spielt bei der Bildung molekularer Spezies mit direkten Metall-Metall-Bindungen eine entscheidende Rolle.[66]

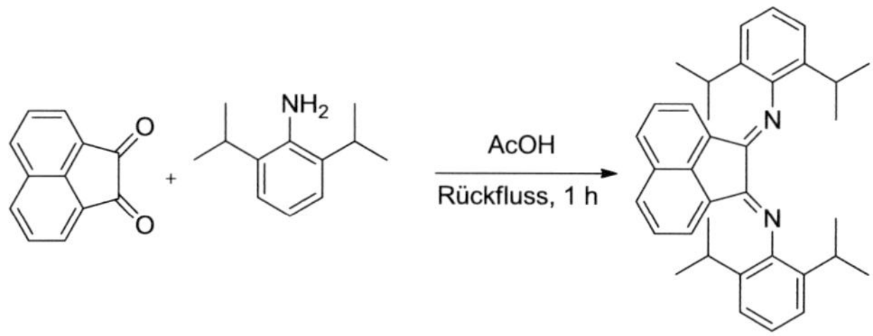

Schema 12: Darstellung von dipp-Bian aus Acenaphthenquinon und 2,6-Diisopropylanilin.[63f]

Die Darstellung von dipp-Bian erfolgt durch eine Kondensationsreaktion von Acenaphthenquinon mit 2,6-Diisopropylanilin in Essigsäure am Rückfluss (Schema 12).

Der (dipp-Bian)-Ligand kann vier zusätzliche Elektronen aufnehmen (Schema 13). Bei der Reaktion vom neutralen Liganden über das Mono- bis hin zum Dianion ändern sich die molekularen Parameter des (dipp-Bian)-Skeletts. So kann anhand von Bindungslängen im Diimin-Teil und der Metall-Stickstoff-Bindungslänge auf die Oxidationsstufe geschlossen werden. Durch die Reduktion mit einem ersten Elektron entsteht ein anionisches Radikal (Schema 13**b**). Die Elektronendichte ist hierbei über das gesamte N-C-C-N Rückgrat verteilt, die C-C-Bindungen sind im Vergleich zum N=C-C=N Rückgrat verkürzt, die C-N-Bindungen etwas verlängert. Beim zweiten Reduktionsschritt entsteht dann das Dianion (Schema 13**c**), bei dem die C-C-Bindungslänge im Bereich einer Doppelbindung, die C-N-Bindung im Bereich einer Einfachbindung liegt.

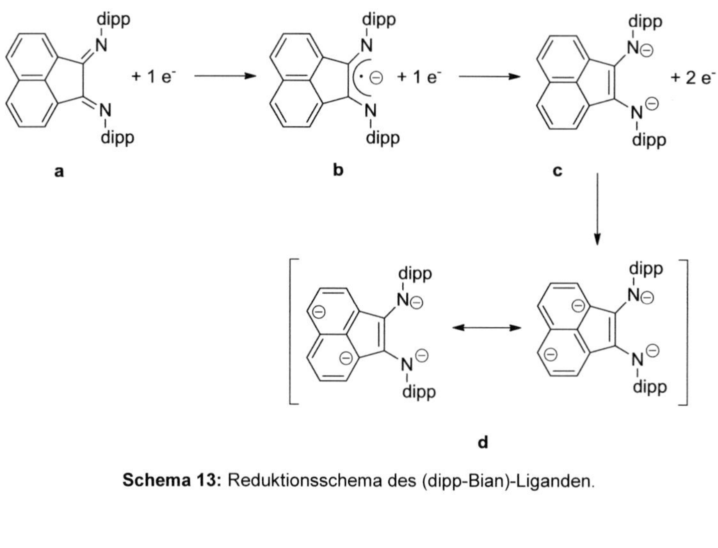

Schema 13: Reduktionsschema des (dipp-Bian)-Liganden.

Bei der Reaktion von dipp-Bian mit elementarem Natrium kann man die einzelnen Reduktionsschritte sehr gut verfolgen. Vor allem bei den ersten beiden Reduktionsschritten kommt es zu einer deutlichen Farbänderung von orange (freier Ligand, neutral) über rot ($[(\text{dipp-Bian})Na]_2$) nach grün ($[(\text{dipp-Bian})Na_2(Et_2O)_3]$). Mit Bindungslängen von 1.324(2) Å (C1-N1) und 1.333(2) Å (C2-N2) sind diese im Vergleich zum neutralen Ligand im $[CuCl_2(\text{dipp-Bian})(AcOH)]$ mit einer durchschnittlichen Bindungslänge von 1.287 Å deutlich verlängert. Dagegen ist die C1-C2-Bindung mit 1.446 Å ($[(\text{dipp-Bian})Na]_2$) beim Vergleich mit dem oben genannten Kupferkomplex (1.500 Å) verkürzt. Betrachtet man die entsprechenden Bindungslängen des zweifach reduzierten Liganden im $[(\text{dipp-Bian})Na_2(Et_2O)_3]$ kommt es hier zu einer weiteren Verlängerung der C-N-Bindungen (1.387(4) Å und 1.386(4) Å) sowie zur Verkürzung der C1-C2-Bindung (1.402(4) Å). In den weiteren Reduktionsschritten zum Tri- und Tetraanion (Schema 13**d**) wird keine so starke Veränderung der Bindungslängen im N-C-C-N-Rückgrat beobachtet (Trianion: C1-N1 1.438(4) Å, C2-N2 1.397(4) Å, C1-C2 1.424(4) Å; Tetraanion: C1-N1 1.422(4) Å, C2-N2 1.441(5) Å, C1-C2 1.444(5) Å). Die geringe Änderung der Bindungslängen im N-C-C-N-Rückgrat beim dritten und vierten Reduktionsschritt deutet darauf hin, dass die zusätzlichen Elektronen nicht vom Diimin- sondern vom Naphthalinfragment aufgenommen werden.[67]

Metallkomplexe mit dem Ar-Bian-Liganden sind im Falle der d-Block-Metalle gut untersucht und viele Komplexe mit den späten Übergangsmetallen dienen als Katalysatoren in zahlreichen organischen Reaktionen,[68] vor allem in der Polymerisation von α-Olefinen.[69]

Im Gegensatz dazu wurden Metallkomplexe mit s- und p-Block-Metallen erst ab 2006 untersucht. Die meisten in der Literatur bekannten Ar-Bian-Komplexe mit Hauptgruppenmetallen sind die der Gruppen 1 und 2.[65] Durch Alkalimetalle ist der (dipp-Bian)-Ligand leicht zum Mono-, Di-, Tri- und Tetraanion reduzierbar und bildet Salze der Zusammensetzung $(\text{dipp-Bian})^{n-}(M^+)_nL_x$ (M = Li, Na; n = 1-4; L = Et_2O, THF).[67] Mit Erdalkalimetallen als Reduktionsmittel sind nur Oxidationsstufen bis -2 möglich und es werden monomere Komplexe gebildet ($(\text{dipp-Bian})^{2-}M^{2+}(L)_x$ (M = Mg, Ca, Sr, Ba; L = THF, Pyridin, dme, Et_2O)).[70] Aus der Gruppe 13 sind eine Reihe an Aluminiumalkylen der Form $[(\text{dipp-Bian})AlR_2]$ durch die Reaktion von $[(\text{dipp-Bian})Na]$ mit Dialkylaluminiumhalogeniden R_2AlX (R = Me, X = Cl; R = Et, X = Br; R = *i*Bu, X = Cl) bekannt (Schema 14).[71] Bei diesen Aluminiumalkylkomplexen mit dipp-Bian handelt es sich aufgrund eines ungepaarten Elektrons um paramagnetische Substanzen. Des Weiteren sind der paramagnetische $[(\text{dipp-Bian})GaI_2]$[72] (ausgehend von dipp-Bian und „GaI") und der diamagnetische Galliumkomplex $[(\text{dipp-Bian})GaCl_2][GaCl_4]$[73] sowie die beiden Analoga von Bor und Aluminium des letzten Komplexes bekannt.

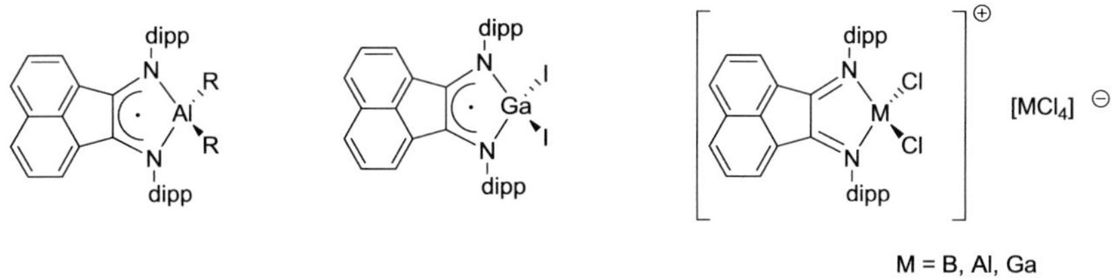

Schema 14: Beispiele von Komplexen der Gruppe 13 mit unterschiedlichen Oxidationsstufen des (dipp-Bian)-Liganden.[72-73]

Komplexe von dipp-Bian mit den Elementen der Gruppen 1, 2 und Aluminiumalkylen sind nur als Monomere bekannt, die zum anionischen Liganden führen. Die Aggregation der Komplexe zu größeren Systemen wird durch zwei Faktoren verhindert, zum einen durch das starre Rückgrat des Diiminfragments, zum anderen durch die Sperrigkeit der (2,6-$^{i}Pr_2$-C_6H_3)-Substituenten. Nachdem es *Fedushkin et al.* 2007 gelang, eine Dizinkverbindung mit dipp-Bian zu stabilisieren,[66a] wurde vermutet, dass der (dipp-Bian)-Ligand homonukleare Bindungen der Gruppe 13 ebenfalls stabilisieren könnte. So konnte die Verbindung [(dipp-Bian)Ga-Ga(dipp-Bian)] zum ersten Mal aus $GaCl_3$ und [K_3(dipp-Bian)] in Diethylether/THF bei Raumtemperatur erhalten werden (Schema 15). Bei dieser Reaktion handelt es sich um eine Salzmetathese mit gleichzeitiger Redoxreaktion bei der Ga^{3+} zu Ga^{2+} reduziert wird, während $[(\text{dipp-Bian})]^{3-}$ zu $[(\text{dipp-Bian})]^{2-}$ oxidiert wird. Während der Reaktion kommt es zu einer Farbänderung von grün nach blau.[66b]

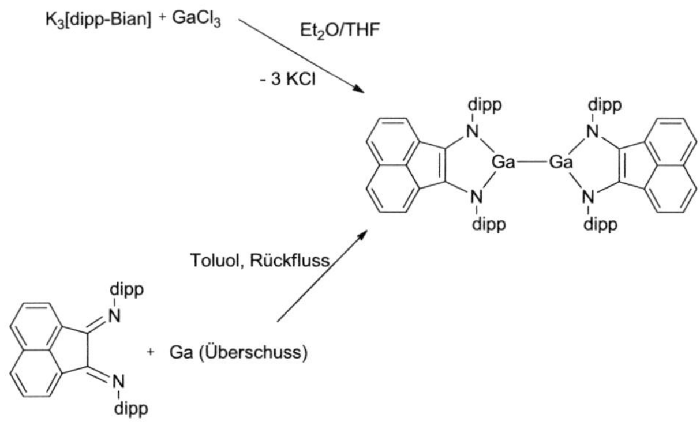

Schema 15: Darstellung von $[(\text{dipp-Bian})Ga]_2$.[61, 66b]

Etwas später gelang die Darstellung von [(dipp-Bian)Ga-Ga(dipp-Bian)] durch direkte Reduktion von dipp-Bian mit einem Überschuss an elementarem Gallium in siedendem Toluol (Schema 15).[61] Jede der [(dipp-Bian)Ga]-Einheiten kann zwei Elektronen abgeben, ohne dass es zum Bindungsbruch zwischen Ligand und Metall kommt. Hierbei entsteht formal eine [(dipp-Bian)$^{\cdot-}$$Ga^{3+}$]-Spezies, bei der sowohl das Metall als auch der Ligand oxidiert wurden. Eine solche Reaktion ist mit Dibenzyldisulfid unter Bildung des monomeren Dianions [(dipp-Bian)Ga(SBz)]$^{2-}$ möglich.[74] Ein Indikator für die Oxidation des Liganden ist die Farbänderung während der Reaktion von blau nach rot. Bei der Durchführung der Reaktion von [(dipp-Bian)Ga]$_2$ mit Tetramethylthiuramdisulfid kommt es zu keiner Farbänderung, was gegen eine Oxidation des Liganden spricht. Hierbei scheint nur das Galliumatom oxidiert zu werden. Es kann also ein Elektron entweder vom Liganden oder vom Metall auf ein weiteres Substrat transferiert werden. Eine Reduktion der Gallium-Gallium-Bindung mit den Alkalimetallen führt zu den Verbindungen [(dipp-Bian)Ga-M(L)$_x$] (M = Li, Na (L = Et_2O, x = 3); M = K (L = THF, x = 5)).[61] Führt man die Reduktion mit den Erdalkali- statt mit den Alkalimetallen durch, bilden sich die Komplexe [{(dipp-Bian)Ga}$_2$M(thf)$_n$] (M = Mg, n = 3; M = Ca, Sr, n = 4; M = Ba, n = 5). Hier konnte nur die Kristallstruktur von Barium verfeinert werden, für Magnesium, Calcium und Strontium war dies nicht möglich. Die ersten Komplexe mit einer Gallium-Lanthan-Bindung konnten durch die Reaktion von [(dipp-Bian)Ga-Na(Et_2O)$_3$] mit [(C_5Me_4Et)$_2$LaCl_2][K(thf)$_2$] bzw. [(C_5Me_5)$_2$LaCl_2][Na(Et_2O)$_2$] erhalten werden (Schema 16).[57a]

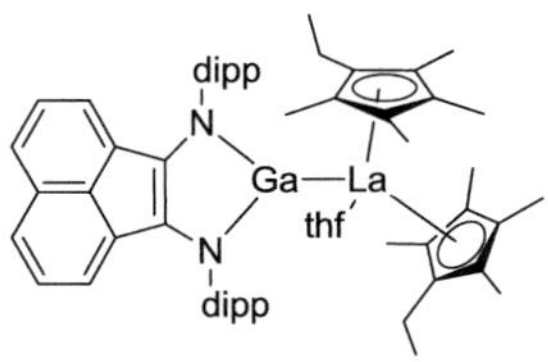

Schema 16: Erster (dipp-Bian)-Komplex mit einer Gallium-Lanthan-Bindung.[57a]

Von der Gruppe 14 sind die *N*-heterocyclischen Germylene [(dipp-Bian)Ge], [(bph-Bian)Ge] (bph = 2-biphenyl) und [(dtb-Bian)Ge] (dtb = 2,5-(di-*tert*butyl)phenyl) sowie das dreifach koordinierte, paramagnetische [(dipp-Bian)GeCl] bekannt.[75] In den Komplexen [(dipp-Bian)Ge] und [(dipp-Bian)GeCl] stabilisiert der (dipp-Bian)-Ligand die geringe Oxidationsstufe des Germaniums indem er einmal ein Dianion und beim dreifach koordinierten Komplex ein radikalisches Anion ausbildet (Schema 17). Abgesehen von den Germaniumverbindungen wurden die Redoxreaktionen der Phosphor- und Arsenhalogenide mit dipp-Bian und mes-Bian untersucht.[76] 2006 wurden von *Hill et al.* Komplexe mit den schweren Homologen einiger p-Block-Elemente und mes-Bian bzw. dipp-Bian synthetisiert. Hierbei konnten [(mes-Bian)InCl_3(thf)], [(mes-Bian)$_2$Tl][PF_6], [(dipp-Bian)SnCl_4], [(dipp-Bian)SbCl_3], [(dipp-Bian)BiCl_3] und [(mes-Bian)BiCl_3] erhalten werden.[77]

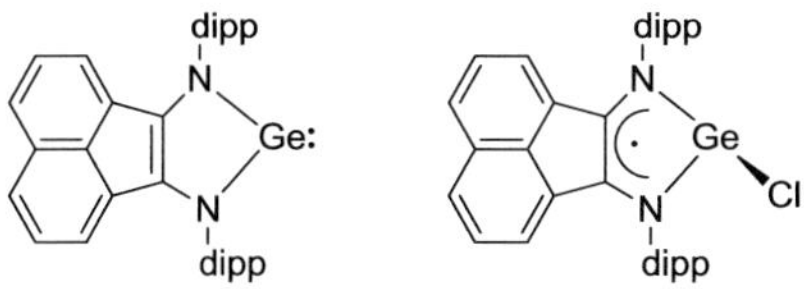

Schema 17: Beispiele von (dipp-Bian)-Komplexen mit Germanium.

Ar-Bian-Komplexe mit den f-Block-Elementen waren bis 2007 so gut wie unbekannt. Aufgrund ihrer Ähnlichkeit zu den Erdalkalimetallen wurden diese jedoch zunehmend interessant. So haben Komplexe von Ca^{2+} und Yb^{2+} mit demselben Liganden fast identische Strukturparameter.[78] Sowohl die Elemente der 2. Hauptgruppe als auch die Lanthanoide sind elektropositive Metalle mit Elektronegativitätsbeträgen bei 1.1. Die Ionenradien der Erdalkalimetalle werden mit zunehmender Ordnungszahl größer, während bei den Lanthanoiden die Ionenradien mit steigender Ordnungszahl kleiner werden. Dies führt dazu, dass die Ionenradien der frühen Lanthanoide in ihrer üblichen Oxidationsstufe +3 von 1.032 Å (La^{3+}) bis 0.983 Å (Nd^{3+}) reichen und somit fast identisch mit dem Ionenradius von Ca^{2+} (1.00 Å) sind.[6] *Schumann et al.* konnten 2007 den ersten Neodymkomplex $[(dipp\text{-}Bian)NdCl(thf)_2]_2$ realisieren (Schema 18**a**).[79] Komplexe von Lanthanoiden sind mit neutralem, radikal-anionischem und dianionischem Bian bekannt (Schema 18).[80]

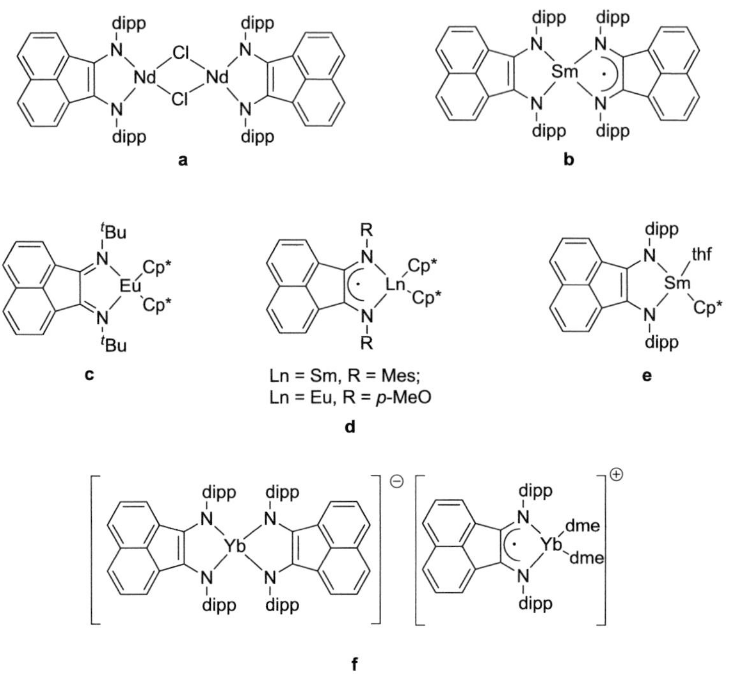

Schema 18: Beispiele verschieden gebundener Lanthanoid-(dipp-Bian)-Verbindungen.[79-81]

Cowley et al. konnten vier Lanthanoid-(dipp-Bian)-Komplexe darstellen, bei denen durch die Wahl des Metalls, Änderungen am Liganden oder durch sterische Variationen die Anzahl an Elektronen (keins, eins bzw. zwei) vom Metall auf den Bian-Liganden gesteuert werden kann (Schema 18 **c**-**f**).[80] Der dimere Ytterbiumkomplex [(dipp-Bian)Yb(dme)(μ-Br)]$_2$ kann die beiden Redoxisomere (dipp-Bian)$^{1-}$Yb^{2+}Br und (dipp-Bian)$^{2-}$Yb^{3+}Br ausbilden.[82] Thermisch induziert kommt es in Lösung zu einem reversiblen Metall-Ligand-Elektronentransfer innerhalb des Komplexes. Anschließend gelang es *Fedushkin et al.*, eine Serie an anionischen Bis(dipp-Bian)-Lanthanoidkomplexen sowie die neutrale [(dipp-Bian)$_2$Sm]-Verbindung zu synthetisieren.[81]

2. Aufgabenstellung

Im ersten Teil dieser Dissertation soll die Reaktivität des dinuklearen Eisenschwefelcarbonyls $[Fe_2(\mu\text{-}S_2)(CO)_6]$ (Schema 19**a**) gegenüber zweiwertigen Lanthanoidverbindungen untersucht werden. Dies ist besonders im Zusammenhang der katalytischen Wasserstoffproduktion interessant, da es bei diesen Reaktionen zu einem oder mehreren Reduktionsschritten innerhalb der Eisencarbonyl-Schwefelkerne kommt. Außerdem sind diese Eisencarbonyl-Schwefelkerne für elektrochemische und theoretische Untersuchungen ihrer Reduktionschemie gut geeignet. Da zweiwertige anorganische und organometallische Lanthanoidreagenzien bewährte Reduktionsmittel sind, sollte ein Zwischenprodukt isolierbar sein. Des Weiteren sind keine Lanthanoidsulfid-Eisencluster bekannt und es gibt nur eine geringe Anzahl an schwefelverbrückten Lanthanoidübergangsmetallverbindungen. Anschließend soll die Reaktion der zweiwertigen Lanthanoide mit dem trinuklearen Eisenschwefelcarbonyl $[Fe_3S_2(CO)_9]$ (Schema 19**b**) getestet werden.

a **b**

Schema 19: Zu untersuchende Eisenschwefelcarbonyle (**a**: $[Fe_2S_2(CO)_6]$; **b**: $[Fe_3S_2(CO)_9]$).

Des Weiteren sollen zweiwertige Lanthanoid-Galliumkomplexe synthetisiert und charakterisiert werden und die Verbindungen auf ihre Reaktivität hin untersucht werden. Hierfür sollen zunächst die Ausgangsverbindungen $[(dipp\text{-}Bian)Ga]_2$ und $[(dipp\text{-}Bian)Ga\text{-}K(thf)_5]$ dargestellt werden (Schema 20). Es soll untersucht werden, ob die entsprechenden Verbindungen auf verschiedenen Wegen erhalten werden können. Zuerst soll die Redoxreaktion von elementaren Lanthanoiden mit $[(dipp\text{-}Bian)Ga]_2$ untersucht werden, anschließend sollen die entsprechenden Komplexe über eine Salzmetathesereaktion der zweiwertigen Lanthanoidiodide dargestellt werden, um danach die synthetisierten Verbindungen auf ihre Reaktivität zu testen.

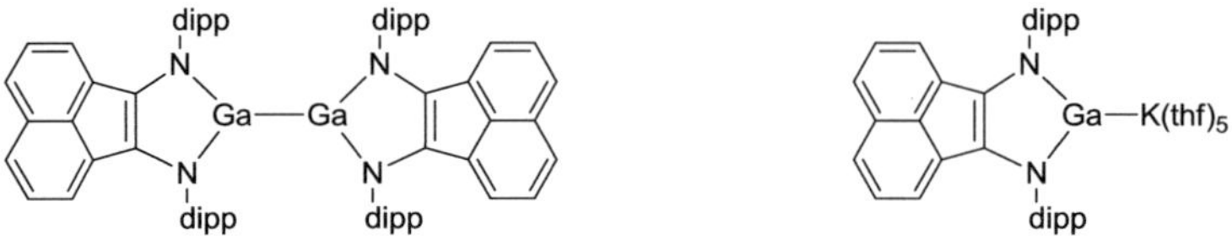

Schema 20: Verwendete Ausgangsstoffe zur Synthese der Lanthanoid-Galliumverbindungen.

Die Unterschiede im Reaktionsverhalten der dreiwertigen gegenüber den zweiwertigen Lanthanoidhalogeniden bei der Salzmetathese mit [(dipp-Bian)Ga-K(thf)$_5$] sollen herausgearbeitet werden. Die Halogenide an den Lanthanoiden sollen durch verschieden substituierte Cyclopentadienylderivate ersetzt werden und die Reaktivität der Metallocene gegenüber [(dipp-Bian)Ga-K(thf)$_5$] soll getestet werden.

3. Ergebnisse und Diskussion

3.1 Synthese der Lanthanoid-Eisen-Schwefel-Cluster

Bisher sind nur sechs strukturell charakterisierte schwefelverbrückte Komplexe bekannt, die ein Lanthanoidatom und Übergangsmetalle enthalten. Hierbei handelt es sich um drei Eu/M(II)-benzothiolat-Cluster (M = Zn, Cd, Hg),[83] $[(\eta^5\text{-}C_5Me_5)_2Sm(\mu\text{-}S)_2WS_2](PPh_4)$, $[\{(\eta^5\text{-}C_5Me_5)_2Sm\}_2Mo(\mu\text{-}S)_4](PPh_4)$[84] und $[(\eta^5\text{-}C_5H_5)_2MoS_2GdBr_4(thf)]_2$.[85] Jedoch sind keine Lanthanoid-Eisenschwefelkomplexe bzw. Lanthanoidcarbonyl-Schwefelcluster bekannt.

In dieser Arbeit sollte die Reaktivität des dinuklearen Eisenschwefelcarbonyls $[Fe_2(\mu\text{-}S_2)(CO)_6]$ gegenüber zweiwertigen Lanthanoidverbindungen untersucht werden. Bei $[Fe_2(\mu\text{-}S_2)(CO)_6]$ handelt es sich um ein gut bekanntes Startreagens für eine große Anzahl an heterobimetallischen Clustern und organometallischen Derivaten.[24a, 26-27] Durch eine Zwei-Elektronenreduktion kommt es zur Spaltung der S-S-Bindung, wodurch das $[Fe_2(\mu\text{-}S_2)(CO)_6]^{2-}$-Dianion gebildet wird.[26] Dieses kann als vielfältiges nukleophiles Reagens genutzt werden, das bis zu einem gewissen Grad analog zu organischen Thiolaten ist.

Die Reduktion von $[Fe_2(\mu\text{-}S_2)(CO)_6]$ mit den zweiwertigen Metallocenen der Lanthanoide $[(\eta^5\text{-}C_5Me_5)_2Ln(thf)_2]$ (Ln = Sm, Yb)[86] führt zu einem vierzehngliedrigen Ring aus Lanthanoidatomen und Eisencarbonyl der Zusammensetzung $[Fe_6Ln_2(\mu_3\text{-}S)_6(\mu,\eta^2\text{-}CO)_4(CO)_8(\eta^5\text{-}C_5Me_5)_4]$ (Ln = Sm (**1**), Yb (**2**)).[87] Beide Edukte werden zunächst in Toluol gelöst. Nachdem beide Lösungen auf -35 °C abgekühlt waren, wurden sie vermischt und noch ca. fünf Tage bei -35 °C aufbewahrt (Schema 21). Nachdem sie innerhalb von 24 Stunden auf Raumtemperatur erwärmt wurden, wurde der Niederschlag abdekantiert und durch langsames Einengen des Filtrats konnten nach mehreren Tagen schwarze Kristalle der Verbindungen **1** und **2** erhalten werden.

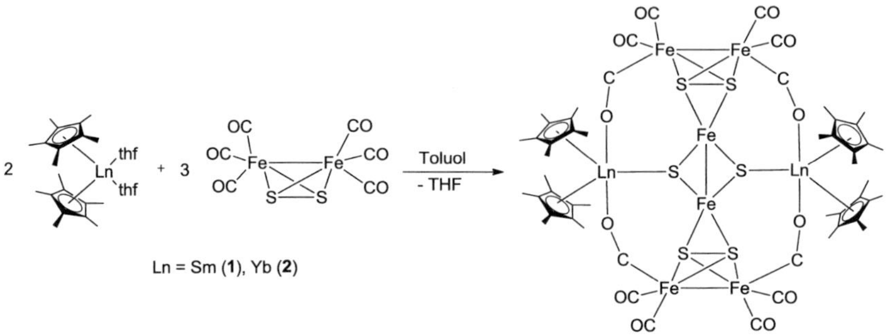

Schema 21: Darstellung der Verbindungen **1** und **2**.

Im Gegensatz dazu konnte mit dem milderen Reduktionsmittel $[(\eta^5\text{-}C_5Me_5)_2Eu(thf)_2]$ auch bei erhöhten Temperaturen keine Reaktion beobachtet werden. Dies ist insofern nicht verwunderlich, da Europium in dieser Reihe (Sm, Yb, Eu) das geringste Redoxpotential hat. Die Verbindungen **1** und **2** wurden mit den standardmäßigen analytischen und spektroskopischen Methoden untersucht und die Festkörperstrukturen wurden durch Einkristallröntgenstrukturanalyse bestätigt.

Verbindung **1** kristallisiert in der monoklinen Raumgruppe $P2_1/c$ mit zwei Molekülen in der Elementarzelle, Verbindung **2** in der triklinen Raumgruppe $P\bar{1}$ mit einem Molekül in der Elementarzelle. In der asymmetrischen Einheit liegt jeweils nur ein halbes Molekül. Beide Verbindungen bilden einen vierzehngliedrigen Ring, der einen zentralen $[Fe_6(\mu_3\text{-}S)_6(CO)_{12}]^{2-}$-Kern enthält, welcher von zwei $[(\eta^5\text{-}C_5Me_5)Ln]$-Einheiten überkappt ist (Abbildung 3 und Abbildung 4).

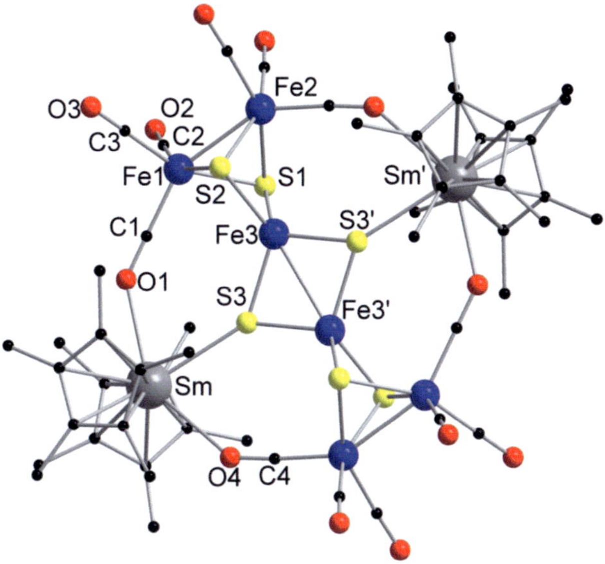

Abbildung 3: Struktur von **1** im Festkörper ohne Darstellung der Wasserstoffatome. Ausgewählte Abstände [Å] und Winkel [°]: Sm-O1 2.680(3), Sm-O4 2.721(4), Sm-S3 2.835(2), Fe1-C1 1.780(5), Fe1-S1 2.2950(15), Fe1-S2 2.3030(15), Fe1-Fe2 2.5267(11), Fe2-S2 2.2945(15), Fe2-S1 2.2966(15), Fe3-S3 2.2263(15), Fe3-S1 2.2680(15), Fe3-S2 2.2737(15), Fe3-Fe3´ 2.7876(14), O1-C1 1.149(6); O1-Sm-O4 144.59(11), C1-Fe1-S1 104.56(16), C1-Fe1-S2 101.7(2), S1-Fe1-S2 85.89(5), C1-Fe1-Fe2 149.2(2), S1-Fe1-Fe2 56.64(4), S2-Fe1-Fe2 56.50(4), S2-Fe2-S1 86.05(5), S2-Fe2-Fe1 56.82(4), S1-Fe2-Fe1 56.58(4), S3´-Fe3-S3 102.50(5), S1-Fe3-S2 87.22(5), S3-Fe3-Fe3´ 51.23(4), Fe1-S1-Fe2 66.77(4), Fe2-S2-Fe1 66.68(5), Fe3´-S3-Fe3 77.50(5), Fe3-S3-Sm 139.40(6), C1-O1-Sm 140.2(3), C4-O4-Sm 142.2(4), O1-C1-Fe1 177.7(5).

Während der Reduktion des Eisenschwefelcarbonyls $[Fe_2(\mu\text{-}S_2)(CO)_6]$ werden die zweiwertigen Lanthanoidatome oxidiert. Beide Lanthanoidatome sind an je ein Schwefelatom des Eisenschwefelkerns (Ln-S3 2.835(2) Å (**1**) und 2.757(2) Å (**2**)) gebunden. Darüber hinaus werden zwei Isocarbonylbrücken gebildet, die den äußeren Ring schließen (Ln-O1 2.680(3) Å (**1**), 2.753(6) Å (**2**) und Ln-O4 2.721(4) Å (**1**), 2.511(4) Å (**2**)). Die Werte für die Sauerstoff-Lanthanoidbindungen scheinen dem Trend der Ionenradien nicht zu folgen. Da die beiden Verbindungen nicht isostrukturell sind, sind die Bindungslängen scheinbar von Packungseffekten abhängig. Die Isocarbonylbrücken bilden einen Bisswinkel von O1-Ln-O4 144.59(11)° (**1**) und 145.42(12)° (**2**). Für beide Verbindungen wird ein kristallographisches Inversionszentrum in der Mitte des Ringes beobachtet. Der zentrale $[Fe_6(\mu_3\text{-}S)_6(CO)_{12}]^{2-}$-Kern ist nicht unbekannt. Von diesem wurde bisher allerdings nur als Ammonium- oder Bis(triphenylphosphin)imin-Salz berichtet, bei dem die Eisenschwefelcarbonyldianionen $[Fe_3S(CO)_9]^{2-}$[88] bzw. $[Fe_5S_4(CO)_{12}]^{2-}$[89] oder K_2S_4[90] als Ausgangsstoffe verwendet wurden.

Dies ist das erste Beispiel für eine Koordination der $[Fe_6(\mu_3\text{-}S)_6(CO)_{12}]^{2-}$-Einheit an ein Metall. Aufgrund der Isocarbonylbrücken ist die geometrische Anordnung des $[Fe_6(\mu_3\text{-}S)_6(CO)_{12}]^{2-}$-Anions in den Verbindungen **1** und **2** etwas unterschiedlich im Vergleich zu den Ammoniumsalzen. Die verbrückenden CO-Gruppen sind an die Lanthanoide gebunden. Die C1-Fe1-Fe2-Winkel von Verbindung **1** (149.2(2)°) und Verbindung **2** (147.1(2)°) sind verglichen mit durchschnittlich 151.32° in $[N(PPh_3)_2]_2[Fe_6S_6(CO)_{12}]$ etwas kleiner.[88] Die Bindungsabstände der zentralen Fe_2S_6-Einheit entsprechen den Erwartungen (vgl. Fe1-Fe2 2.5267(11) Å (**1**), 2.5254(13) Å (**2**) und 2.506(1) Å in $[N(PPh_3)_2]_2[Fe_6S_6(CO)_{12}]$).[88] Die Achse zwischen den beiden äußeren Eisenatomen (Fe1 und Fe2) liegt senkrecht zur Ebene des Kerns und erzeugt dadurch eine pseudotetraedrische Koordinationsumgebung um die beiden Eisenatome im Kern (Fe3 und Fe3´). Die Fe-Fe-Abstände innerhalb dieser zentralen Raute (Fe3S3Fe3'S3') sind länger (Fe3-Fe3´ 2.7876(14) Å (**1**), 2.765(2) Å (**2**)) als die Bindungsabstände zwischen Fe1 und Fe2 (Fe1-Fe2 2.5267(11) Å (**1**), 2.5254(13) Å (**2**)).

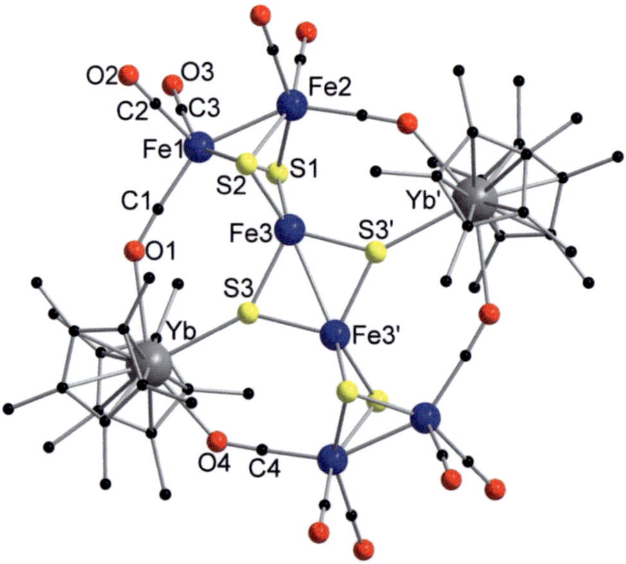

Abbildung 4: Struktur von **2** im Festkörper ohne Darstellung der Wasserstoffatome. Ausgewählte Abstände [Å] und Winkel [°]: Yb-O1 2.753(6), Yb-O4 2.511(4), Yb-S3 2.757(2), Fe1-C1 1.789(7), Fe1-S1 2.2934(15), Fe1-S2 2.293(2), Fe1-Fe2 2.5254(13), Fe2-S2 2.298(2), Fe2-S1 2.297(2), Fe3-S3´ 2.225(2), Fe3-S3 2.2309(15), S3-Fe3´ 2.225(2), Fe3-S1 2.262(2), Fe3-S2 2.268(2), Fe3-Fe3´ 2.765(2), O1-C1 1.156(8); O1-Yb-O4 145.42(12), C1-Fe1-S1 101.5(2), C1-Fe1-S2 101.7(2), S2-Fe1-S1 86.31(6), C1-Fe1-Fe2 147.1(2), S1-Fe1-Fe2 56.69(4), S2-Fe1-Fe2 56.71(5), S1-Fe2-S2 86.13(6), S2-Fe2-Fe1 56.55(5), S1-Fe2-Fe1 56.55(4), S3´-Fe3-S3 103.28(6), S1-Fe3-S2 87.67(6), S3-Fe3-Fe3´ 51.54(5), Fe1-S1-Fe2 66.75(5), Fe1-S2-Fe2 66.74(5), Fe3´-S3-Fe3 76.72(6), Fe3-S3-Yb 139.40(7), Fe3´-S3-Yb 143.82(6), C1-O1-Yb 141.4(4), C4-O4-Yb 142.9(4), O1-C1-Fe1 176.1(5).

Die IR-Spektren der Verbindungen **1** und **2** zeigen die $\tilde{\nu}$(CO) Streckschwingungen als starke Banden bei 2054, 2014, 2004, 1897 cm^{-1} (**1**) und 2055, 2015, 2004, 1887 cm^{-1} (**2**). Die Banden zwischen 2000 und 2060 cm^{-1} werden den terminalen CO-Gruppen zugeordnet. Dies steht im Einklang mit den IR-Spektren von $[Et_4N]_2[Fe_6S_6(CO)_{12}]$[90] bzw. $[Fe_6S_6(CO)_{12}]$.[91] Die Absorptionsbanden bei 1897 cm^{-1} (**1**) und 1887 cm^{-1} (**2**) sind typisch für Lanthanoid-Isocarbonylbrücken.[92] Die beobachteten Metallcarbonyl-Streckschwingungen bei 602 cm^{-1} (**1**) und 601 cm^{-1} (**2**) stehen im Einklang mit der Kraftfeldanalyse von $[Fe_2S_2(CO)_6]$.[91]

Während bei Komplex **2** die Elementaranalyse im erwarteten Bereich liegt, gestaltet sich diese Analysemethode bei Komplex **1** etwas schwieriger. Aufgrund der hohen Empfindlichkeit der Verbindung gegenüber Luftsauerstoff bzw. Spuren von Feuchtigkeit, variieren die Messergebnisse selbst bei Kristallen aus dem gleichen Ansatz.

Die Bildung des $[Fe_6S_6(CO)_{12}]^{2-}$-Strukturmotivs aus $Fe_2S_2(CO)_6$ wurde von *Barber et al.* ausführlich untersucht. Hierfür wurden die elektrochemischen Eigenschaften von $Fe_2S_2(CO)_6$ und $[Fe_4S_4(CO)_{12}]^{2-}$ mittels Cyclovoltammetrie untersucht.[89] Die beiden Cyclovoltammogramme ergaben eine irreversible Reduktion bei $E_{pc} \approx -1.0$ V, was der Reduktion von $Fe_2S_2(CO)_6$ zu $[Fe_4S_4(CO)_{12}]^{2-}$ entspricht, eine irreversible Reduktion bei $E_{pc} = -1.87$ V die Reaktion II und eine irreversible Oxidation bei -0.12 V die Reaktion III zugeordnet werden (Schema 22).

$$\text{(I) } Fe_2S_2(CO)_6 + 2e^- \longrightarrow 1/2\ [Fe_4S_4(CO)_{12}]^{2-}$$

$$\text{(II) } [Fe_4S_4(CO)_{12}]^{2-} + 2e^- \longrightarrow 2\ [Fe_2S_2(CO)_6]^{2-}$$

$$\text{(III) } [Fe_4S_4(CO)_{12}]^{2-} \longrightarrow 2\ Fe_2S_2(CO)_6$$

Schema 22: Postulierte Redoxgleichungen aus den Cyclovoltammogrammen.

Aufgrund dieser Annahmen wurde dann ein Reaktionsmechanismus ausgehend von $Fe_2S_2(CO)_6$ und $[Fe_4S_4(CO)_{12}]^{2-}$ zu $[Fe_6S_6(CO)_{12}]^{2-}$ vorgeschlagen (Schema 23). Im Dianion kommt es zur Decarbonylierung eines Eisenatoms durch die Schwefel-Schwefel-Bindung im neutralen $Fe_2S_2(CO)_6$. Das gebildete Intermediat unterläuft eine intramolekulare oxidative Addition der verbliebenen Schwefel-Schwefel-Bindung und $[Fe_6S_6(CO)_{12}]^{2-}$ wird gebildet (Schema 23).[89]

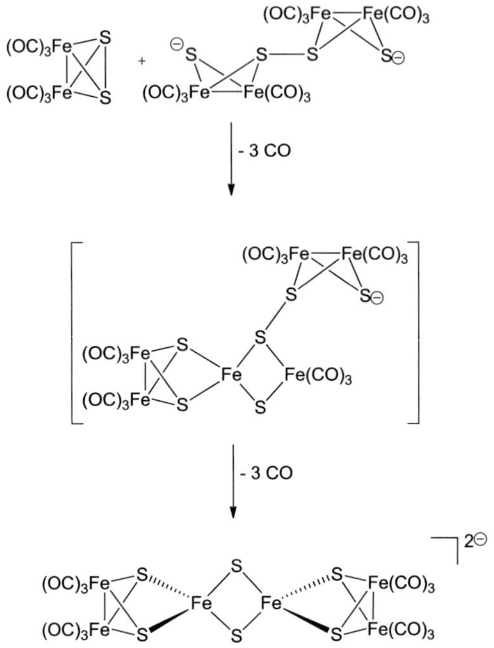

Schema 23: Möglicher Mechanismus zur Bildung von $[Fe_6S_6(CO)_{12}]^{2-}$.[89]

Versuche, die zweiwertigen Metallocene der Lanthanoide (Sm, Eu, Yb) mit dem nächstgrößeren Eisenschwefelcluster $Fe_3S_2(CO)_9$ (Schema 24) umzusetzen, führten nicht zu den gewünschten Produkten.

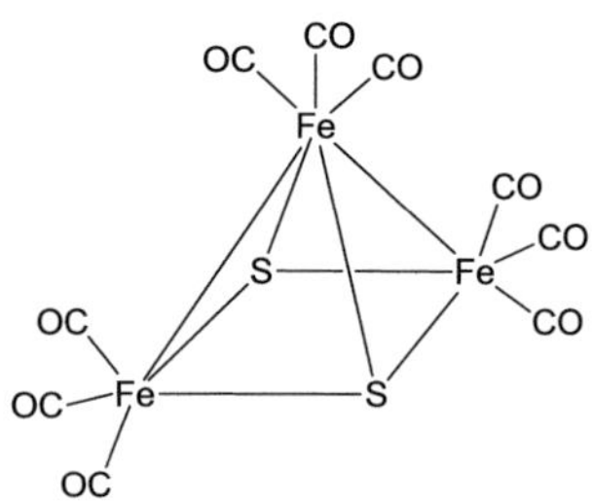

Schema 24: Struktur des um eine $Fe(CO)_3$-Einheit erweiterten Eisenschwefelclusters.[26]

Bei den entsprechenden Umsetzungen konnten zwar Kristalle erhalten werden, jedoch handelte es sich um verschiedene Polymorphe des S_8-Ringes. Um ausschließen zu können, dass es sich hierbei um im Edukt schon vorliegenden Schwefel handelt, wurde das Edukt gelöst und versucht, analog zur Kristallisation aus der Reaktion mit den Metallocenen, dieses direkt auszukristallisieren. Da dies nicht gelang, konnte die Verunreinigung durch Schwefel im $Fe_3S_2(CO)_9$ ausgeschlossen werden. Weitere Untersuchungen zur Reaktion wurden nicht durchgeführt. Es wird angenommen, dass durch verschiedene Redoxreaktionen aus dem Sulfid in $Fe_3S_2(CO)_9$ elementarer Schwefel entsteht.

Weitere Umsetzungen mit $[Sm(bipm)I(thf)]_2$ bzw. $[Cp^*_2YbCl_2Li(Et_2O)_2]$ (Schema 25) und $Fe_2S_2(CO)_6$ wurden ebenfalls durchgeführt. Während mit $[Sm(bipm)I(thf)]_2$ keine Reaktion festgestellt werden konnte, führte die Reaktion mit $[Cp^*_2YbCl_2Li(Et_2O)_2]$ zu einer gelartigen Masse, die nicht näher untersucht wurde. Versuche, bei denen Na/K als Reduktionsmittel zugesetzt wurde, führten ebenfalls nicht zu den gewünschten Produkten.

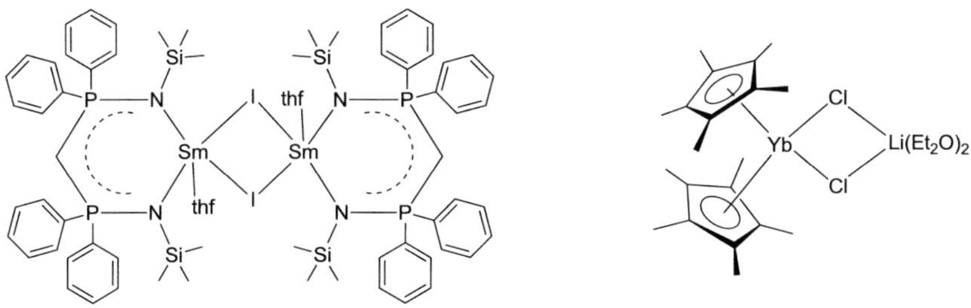

Schema 25: Strukturen der Verbindungen $[Sm(bipm)I(thf)]_2$ und $[Cp^*YbCl_2Li(Et_2O)_2]$.[93]

3.2 {(dipp-Bian)Ga}-Komplexe der Seltenen Erden und Erdalkalimetalle

3.2.1 Darstellung der Lanthanoidkomplexe

*3.2.1.1 [{(dipp-Bian)Ga}$_2$Ln(thf)$_4$]-Verbindungen (**3-5**)*

Basierend auf früheren Arbeiten von *Fedushkin et al.* über Metall-Metall-Bindungen[57a, 61] sollte der oxidative Zugang zur Bildung der Lanthanoid-Gallium-Bindungen aus den elementaren Lanthanoiden und verwandte Reaktionen untersucht werden.

Die Reaktion von $[(dipp\text{-}Bian)Ga]_2$ mit den Amalgamen von Samarium, Europium und Ytterbium führte zu den entsprechenden Gallium-Lanthanoidkomplexen $[\{(dipp\text{-}Bian)Ga\}_2Ln(thf)_4]$ (Ln = Sm (**3**), Eu (**4**), Yb (**5**)) in hohen Ausbeuten (Schema 26).[94] Hierfür wurde das entsprechende Amalgam mit Hilfe eines Ultraschallbades aktiviert und, im Falle von Samarium, zusätzlich die Reaktionslösung auf 60 °C erhitzt. Während der Reaktion kommt es zu einer

Farbänderung der Lösung von blau ([(dipp-Bian)Ga]$_2$) nach braun. Nach ca. acht Stunden Reaktionszeit wurde das überschüssige Lanthanoidamalgam abfiltriert. Durch Einengen des Filtrats konnten anschließend zur Röntgenstrukturanalyse geeignete Einkristalle erhalten werden.

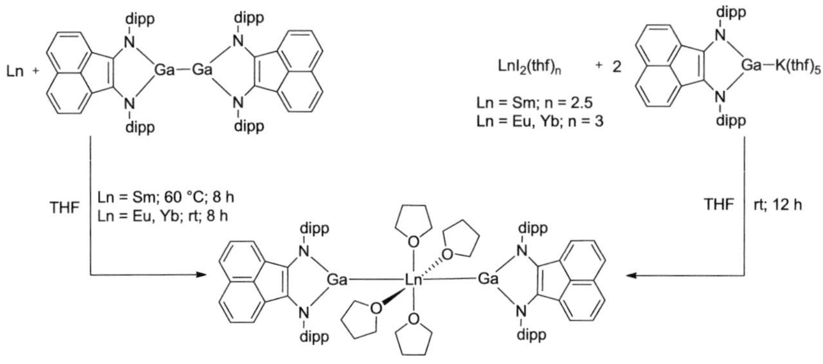

Ln = Sm (**3**), Eu (**4**), Yb (**5**)

Schema 26: Synthese von [{(dipp-Bian)Ga}$_2$Ln(thf)$_4$] (Ln = Sm (**3**), Eu (**4**), Yb (**5**)).

Die resultierenden Komplexe **3-5** enthalten jeweils zwei nicht gestützte Lanthanoid-Gallium-Bindungen. Neben den Galliumatomen sind die Lanthanoidatome noch durch vier THF-Moleküle koordiniert. Im Gegensatz dazu konnten die vergleichbaren Digalliumverbindungen von *P. Arnold* und *C. Jones* [Ln{Ga[(ArNCH)$_2$]}$_2$(tmeda)$_2$] (Ln = Sm, Eu, Yb; Ar = 2,6-^{i}Pr$_2$-C$_6$H$_3$) nicht aus den elementaren Lanthanoiden erhalten werden. Die Komplexe wurden durch Salzmetathese aus dem Kaliumsalz [K(tmeda)][Ga(ArNCH)$_2$] mit einem halben Äquivalent LnI$_2$ in THF synthetisiert.[55b] Eine ähnliche reduktive Insertion eines Metalls in die Gallium-Gallium-Bindung wie in den Verbindungen **3-5** ist die Reaktion von [(dipp-Bian)Ga]$_2$ mit Kalium, welche zu [(dipp-Bian)Ga-K(thf)$_5$] führt. Der Versuch, weitere elementare Lanthanoide (Nd, Tm) unter denselben Bedingungen wie bei den Verbindungen **3-5** mit [(dipp-Bian)Ga]$_2$ umzusetzen, blieb erfolglos.

Zusätzlich zur reduktiven Insertion können die Verbindungen **3-5** auch durch Salzmetathese dargestellt werden. Die Reaktion des Kaliumsalzes [(dipp-Bian)Ga-K(thf)$_5$] mit einem halben Äquivalent LnI$_2$ (Ln = Sm, Eu, Yb) in THF führte zu den entsprechenden Verbindungen **3-5**, ebenfalls in hohen Ausbeuten. Des Weiteren ist zur Darstellung der Samariumverbindung **3** ein dritter Syntheseweg möglich (Schema 27). Bei allen Salzmetathesereaktionen musste THF entfernt und der Rückstand in Toluol gelöst werden. Dies lag an der guten Löslichkeit von KI in THF, was dazu führte, dass es beim Einengen der abfiltrierten Lösung immer wieder zu Nachfällungen von Kaliumiodid kam und die Kristallisation der gewünschten Produkte dadurch verhindert wurde. Durch die Zugabe von Toluol wird die Löslichkeit des gebildeten Kaliumiodids soweit heruntergesetzt, dass dieses quantitativ ausfällt und durch Filtration von der Reaktionslösung vollständig abgetrennt werden konnte.

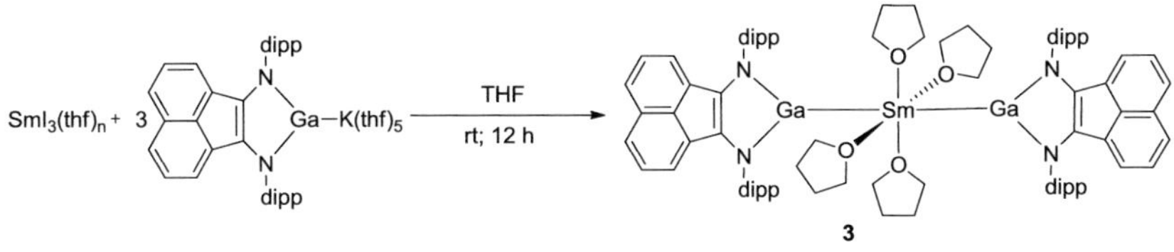

Schema 27: Dritter Syntheseweg zu Verbindung **3**.

Die Reaktion des dreiwertigen Samariumsalzes SmI_3 mit dem Kaliumsalz [(dipp-Bian)Ga-K(thf)$_5$] durch Salzmetathese führte nicht zur erwarteten Trigalliumverbindung. Stattdessen wird das dreiwertige Samariumion zum zweiwertigen Samarium reduziert und wiederum Verbindung **3** in hohen Ausbeuten erhalten. Das Reduktionspotential von [(dipp-Bian)Ga-K(thf)$_5$] scheint hoch genug zu sein, um Sm(III) zu reduzieren.

Die Komplexe **3-5** wurden mit den standardmäßigen analytischen und spektroskopischen Methoden charakterisiert und die Festkörperstrukturen durch Einkristallröntgenstruktur-analyse bestimmt. NMR-Spektren wurden nur von der diamagnetischen Verbindung **5** aufgenommen.

Die ^{1}H- und $^{13}C\{^{1}H\}$-NMR-Daten liefern keine ausreichenden Informationen, um die Struktur von Verbindung **5** interpretieren zu können, obwohl gut aufgelöste Spektren aufgenommen wurden. Das ^{1}H-NMR-Spektrum zeigt die erwarteten Signale für den organischen Liganden, aber die chemische Verschiebung der Verbindung **5** und der Edukte [(dipp-Bian)Ga-K(thf)$_5$] und [(dipp-Bian)Ga]$_2$ sind sehr ähnlich. Die im ^{1}H-NMR-Spektrum beobachteten Protonen scheinen einen zu großen Abstand vom reaktiven Metallzentrum zu haben, um von den Elektronendichteveränderungen dort noch beeinflusst zu sein. Die Isopropylgruppen der {(dipp-Bian)Ga}$^-$-Einheit zeigen zwei überlagerte Quartetts bei δ = 3.86 ppm, die als Septett erscheinen und von der Isopropyl-CH-Gruppe stammen, und zwei Dupletts der nicht äquivalenten Isopropyl-CH_3-Gruppen bei δ = 1.24 und 1.08 ppm. Durch das Molekül können somit zwei Spiegelebenen gelegt werden, was mit der Symmetrie der Festkörperstruktur übereinstimmt.

Obwohl die Verbindungen **3-5** aus THF kristallisieren, konnte die Bildung einiger Signale im ^{1}H-NMR-Spektrum beobachtet werden, die von einem Zersetzungsprodukt in deuteriertem THF stammen. So erscheinen drei Dupletts bei δ = 6.10, 5.60 und 5.40 ppm, ein Multiplett bei δ = 3.52 ppm, das zum Teil jedoch vom THF-Peak überlagert wird und mehrere Signale im Bereich von δ = 1.10 bis 0.85 ppm. Die Zuordnung der Signale im ^{13}C{^{1}H}-NMR-Spektrum erfolgte mit Hilfe der beiden Kreuzkopplungsexperimente ^{1}H/^{13}C{^{1}H}-HMQC und ^{1}H/^{13}C{^{1}H}-HMBC. Das HMQC-Experiment (*H*eteronuclear *M*ultiple *Q*uantum *C*oherence) ist ein zweidimensionales Verfahren, bei der chemische Verschiebungen unterschiedlicher, miteinander koppelnder Kerne korreliert werden. Hierbei handelt es sich um die Korrelation zwischen direkt gebundenen Kohlenstoff- und Wasserstoffatomen, also um ^{1}J-Kopplungen. Beim HMBC-Verfahren (*H*eteronuclear *M*ultiple *B*ond *C*orrelation) handelt es sich um ein zweidimensionales Spektrum, bei dem eine Zuordnung möglich ist, auch wenn die Kopplungskonstante klein ist, die ^{13}C- und ^{1}H-Kerne also über zwei oder drei Bindungen hinweg koppeln. Die Zuordnung der ^{1}H- und ^{13}C{^{1}H}-NMR-Signale erfolgt somit auf der Basis von ^{1}J(C,H)-, ^{2}J(C,H)- und ^{2+n}J(C,H)-Kopplungen. Die Signale im ^{13}C{^{1}H}-NMR-Spektrum bei δ = 23.4 und 25.2 ppm konnten den beiden Isopropyl-CH_3-Gruppen und der Peak bei δ = 27.8 ppm der Isopropyl-CH-Gruppe zugeordnet werden. Für die aromatischen CH-Gruppen wurden 7 Signale bei δ = 126.2, 123.2, 122.6, 122.4, 121.8, 120.5 und 114.6 ppm sowie vier Signale für die aromatischen Kohlenstoffatome (δ = 147.3, 144.9, 136.5 und 130.8 ppm) erhalten.

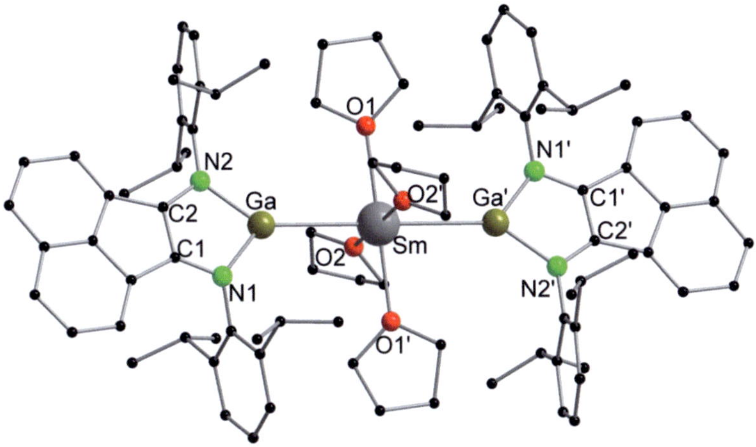

Abbildung 5: Struktur von Verbindung **3** im Festkörper ohne Darstellung der Wasserstoffatome. Ausgewählte Abstände [Å] und Winkel [°]: Sm-Ga 3.2358(2), Sm-O1 2.5444(12), Sm-O2 2.5105(15), Ga-N1 1.9362(14), Ga-N2 1.9567(13), C1-N1 1.380(2), C2-N2 1.380(2), C1-C2 1.381(2); Ga-Sm-Ga' 180.0, Ga-Sm-O1 86.29(3), Ga-Sm-O1' 93.71(3), Ga-Sm-O2 93.30(4), Ga-Sm-O2' 86.70(4), O1-Sm-O2 93.28(5), O1-Sm-O2' 86.72(5), O1-Sm-O1' 180.0, O2-Sm-O2' 180.0, N1-Ga-N2 84.61(5), N1-Ga-Sm 131.87(4), N2-Ga-Sm 143.12(4), Ga-N1-C1 111.22(10), Ga-N2-C2 110.80(10), N1-C1-C2 116.90(15), N2-C2-C1 116.46(14).

Von Verbindung **3** konnten Einkristalle von zwei Polymorphen erhalten werden. Beide kristallisieren in der monoklinen Raumgruppe $P2_1/n$ mit zwei Molekülen in der Elementarzelle (Abbildung 5). Der Unterschied der beiden Polymorphen liegt in der Anzahl an Lösungsmittelmolekülen, die sich in der Elementarzelle befinden. Ein Polymorph kristallisiert ohne Lösungsmittelmoleküle, während beim anderen vier THF- und zwei Toluol-Moleküle in der Elementarzelle enthalten sind. Um die beiden Polymorphe unterscheiden zu können, wurde letzteres als Verbindung **3a** (= $[\{(\text{dipp-Bian})\text{Ga}\}_2\text{Sm}(\text{thf})_4]\cdot(\text{thf})_2(\text{Toluol}))$ bezeichnet. Interessanterweise sind die erhaltenen Einkristalle von Verbindung **4** (Abbildung 6) isostrukturell zu Verbindung **3a**. Daher enthält auch Verbindung **4** vier zusätzliche THF-Moleküle und zwei Moleküle Toluol in der Elementarzelle. Im Gegensatz dazu sind die isolierten Einkristalle von Verbindung **5** isostrukturell zum Polymorph von Verbindung **3**, das ohne freie Lösungsmittelmoleküle kristallisiert. Von Verbindung **4** konnte ebenfalls ein weiteres Polymorph kristallisiert werden, jedoch war eine Verfeinerung der Struktur aufgrund eines zu schlechten Datensatzes nicht möglich. Die erhaltene Elementarzelle deutet aber darauf hin, dass es sich um eine zu **3** isostrukturelle Verbindung handelt. Dies deutet darauf hin, dass im Prinzip beide Polymorphe der Verbindungen **4** und **5** zugänglich sein sollten.

Tabelle 2: Ausgewählte Bindungslängen [Å] und –winkel [°] der Komplexe [{(dipp-Bian)Ga}$_2$Sm(thf)$_4$] (**3**), [{(dipp-Bian)Ga}$_2$Sm(thf)$_4$]·(thf)$_2$(Toluol) (**3a**), [{(dipp-Bian)Ga}$_2$Eu(thf)$_4$] (**4**) und [{(dipp-Bian)Ga}$_2$Yb(thf)$_4$] (**5**).

	3	**3a**	**4** ·(thf)$_2$(Toluol)	**5**
Ln-Ga	3.2358(2)	3.3467(3)	3.3239(6)	3.1295(5)
Ln-O1	2.5444(12)	2.525(2)	2.516(2)	2.428(3)
Ln-O2	2.5105(15)	2.522(2)	2.505(2)	2.402(3)
Ga-N1	1.9362(14)	1.968(2)	1.968(2)	1.933(4)
Ga-N2	1.9567(13)	1.952(2)	1.958(2)	1.965(3)
Ga-Ln-Ga	180.0	180.0	180.0	180.0
Ga-Ln-O1	86.29(3)	93.89(5)	93.77(5)	87.18(8)
Ga-Ln-O1'	93.71(3)	86.11(5)	86.23(5)	92.82(8)
Ga-Ln-O2	93.30(4)	90.25(6)	90.36(6)	93.15(9)
Ga-Ln-O2'	86.70(4)	89.75(6)	89.64(6)	86.85(9)
O1-Ln-O2	93.28(5)	91.53(8)	91.33(8)	92.65(13)
O1-Ln-O2'	86.72(5)	88.47(8)	88.67(8)	87.35(13)
O1-Ln-O1'	180.0	180.0	180.0	180.0
O2-Ln-O2'	180.0	180.0	180.0	180.0
N1-Ga-N2	84.61(5).	83.89(9)	84.00(9)	84.37(15)

Zum besseren Vergleich sind die Bindungslängen und -winkel der Verbindung **3**, **3a**, **4** und **5** in Tabelle 2 zusammengefasst. Alle drei Verbindungen sind in der Festkörperstruktur isotyp. Jede Verbindung kristallisiert mit einem halben Molekül in der asymmetrischen Einheit. Ein kristallographisches Inversionszentrum ist am Lanthanoidatom vorhanden. Daher liegen die beiden {(dipp-Bian)Ga}$^-$-Liganden in einer Ebene. Im Gegensatz dazu sind die beiden Liganden in der entsprechenden Struktur von [{(dipp-Bian)Ga}$_2$Ba(thf)$_5$] um ca. 74° gegeneinander verdreht.[61] Beide Galliumatome sind in den Lanthanoidkomplexen verzerrt trigonal-planar von zwei Stickstoffatomen und dem Lanthanoid koordiniert und liegen in einer Ebene mit N1, C1, C2 und N2. In den Verbindungen **3-5** sind die beiden {(dipp-Bian)Ga}$^-$-Liganden linear angeordnet und bilden einen Ga-Ln-Ga-Winkel von 180°. Die Ln-Ga-Abstände betragen 3.2358(2) Å (**3**), 3.3467(3) Å (**3a**), 3.3239(6) Å (**4**) und 3.1295(5) Å (**5**). Auf den ersten Blick entsprechen die Abstände nicht dem Trend (Sm-Ga ≈ Eu-Ga > Yb-Ga), den man aufgrund der Ionenradien der beteiligten Lanthanoide erwartet. Bei genauerem Betrachten der beiden Polymorphe **3** und **3a** zeigt sich ein Unterschied der Samarium-Gallium-Bindungslänge von 0.1 Å. Offensichtlich hängt die Länge der Ln-Ga-Bindung stark von Packungseffekten ab. Die Tatsache, dass andere Bindungsabstände in den Molekülen nur geringfügig von den Packungseffekten abhängig sind, zeigt die schwache Wechselwirkung zwischen dem Lanthanoidatom und den Galliumatomen.

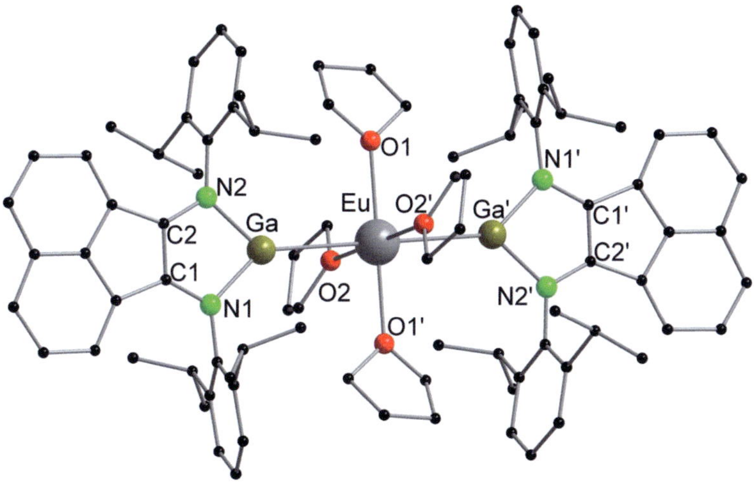

Abbildung 6: Struktur von Verbindung **4** im Festkörper ohne Darstellung der freien Lösungsmittelmoleküle und der Wasserstoffatome. Ausgewählte Abstände [Å] und Winkel [°]: Eu-Ga 3.3239(6), Eu-O1 2.516(2), Eu-O2 2.505(2), Ga-N1 1.968(2), Ga-N2 1.958(2), C1-N1 1.384(3), C2-N2 1.368(3), C1-C2 1.381(3); Ga-Eu-Ga' 180.0, Ga-Eu-O1 93.77(5), Ga-Eu-O1' 86.23(5), Ga-Eu-O2 90.36(6), Ga-Eu-O2' 89.64(6), O1-Eu-O2 91.33(8), O1-Eu-O2' 88.67(8), O1-Eu-O1' 180.0, O2-Eu-O2' 180.0, N1-Ga-N2 84.00(9), N1-Ga-Eu 140.44(6), N2-Ga-Eu 135.30(6), Ga-N1-C1 110.6(2), Ga-N2-C2 111.5(2), N1-C1-C2 116.9(2), N2-C2-C1 117.0(2).

Die Yb-Ga-Bindungslänge, die hier beobachtet wird, ist wesentlich kürzer als die im Gallium-Ytterbium(II)-Komplex [Yb{Ga(ArNCH)$_2$}$_2$(tmeda)$_2$] (3.226 Å im Mittel) und im divalenten Metallocen [(η^5-C$_5$Me$_5$)$_2$(thf)Yb-Ga(η^5-C$_5$Me$_5$)] (3.2872(4) Å).[47] Somit ist die Yb(II)-Ga-Bindung in Verbindung **5** die kürzeste, von der bislang berichtet wurde. Die größere Stabilität der Verbindungen **3-5** im Vergleich zu den bisher veröffentlichten Ln(II)-Ga-Verbindungen, könnte ein Ergebnis der kürzeren Metall-Metall-Bindungen sein. Aber wie bereits erwähnt, haben Packungseffekte einen nicht zu vernachlässigenden Einfluss auf die Stabilität der Verbindungen.

Zusätzlich zu den beiden {(dipp-Bian)Ga}$^-$-Liganden werden die Lanthanoidatome von vier THF-Molekülen koordiniert. Es bildet sich eine fast perfekt oktaedrische Koordination der sechs Liganden um die Lanthanoidatome, die entlang der Ga-Ln-Ga-Achse verlängert ist. Durch die oktaedrische Koordination liegen alle Bindungswinkel bei 90° bzw. 180°.

In den Verbindungen **3-5** werden die Galliumatome verzerrt trigonal-planar von zwei Stickstoffatomen und einem Lanthanoidatom koordiniert und liegen in einer Ebene mit dem Ligandenrückgrat (Atome N1, C1, C2, N2). Die durchschnittliche Ga-N-Bindungslänge in den Lanthanoidverbindungen (**3**: 1.9465 Å; **3a**: 1.960 Å; **4**: 1.963 Å, **5**: 1.949 Å) ist im Vergleich zum $[(dipp\text{-}Bian)Ga]_2$-Dimer (durchschnittlich 1.8608 Å) verlängert, jedoch nicht so stark wie in den Anionen von $[(dipp\text{-}Bian)Ga]^-[Na([18]\text{-}Krone\text{-}6)(thf)_2)]^+$ (durchschnittlich 2.013 Å)[61] und $[(dipp\text{-}Bian)Ga]^-[Na(Ph_3PO)_3(thf)]^+$ (durchschnittlich 1.999 Å),[61] bei denen ein kompletter Transfer von einem Elektron der {(dipp-Bian)Ga}$^-$-Einheit auf ein Natriumatom stattgefunden hat. Bei genauerem Betrachten der Ga-N1 und Ga-N2 Bindungslängen kann in den Komplexen **3** und **5**, die ohne freie Lösungsmittelmoleküle kristallisieren, eine leicht asymmetrische Bindung des Liganden an Gallium festgestellt werden (**3**: Ga-N1 1.9362(14) Å, Ga-N2 1.9567(13) Å; **5**: Ga-N1 1.933(2) Å, Ga-N2 1.965(3) Å). Dies ist wahrscheinlich auf Packungseffekte durch die freien Lösungsmittelmoleküle zurückzuführen. Über die C-N und C-C Bindungen im Ligandenrückgrat kann auf die Oxidationsstufe des Liganden geschlossen werden. Die N1-C1 und N2-C2 Bindungslängen (1.368(3)-1.384(3) Å) in den Verbindungen **3-5** liegen im Bereich der Bindungslängen in den Alkali- und Erdalkalimetallkomplexen (1.363(8)-1.387(8) Å) sowie dem $[(dipp\text{-}Bian)Ga]_2$-Dimer (durchschnittlich 1.388 Å) und sind typisch für die dianionische Bisamidform des (dipp-Bian)-Liganden. Im freien dipp-Bian betragen diese 1.282 Å, im radikal-anionischen dipp-Bian sind sie ungefähr um 0.045 Å kürzer. Die N1-Ga-N2-Bisswinkel der {(dipp-Bian)Ga}$^-$-Einheiten liegen mit 84.61(5)° (**3**), 84.00(9)° (**4**) und 84.37(15)° (**5**) im erwarteten Bereich (vgl. $[(dipp\text{-}Bian)Ga\text{-}K(thf)_5]$: 82.98(6)°; $[\{(dipp\text{-}Bian)Ga\}_2Ba(thf)_5]$: 83.29(10)° bzw. 83.42(15)°).[61]

Die Charakterisierung der Verbindungen **3-5** mittels EI-Massenspektrometrie war nicht möglich. Aufgrund der schwachen Wechselwirkung zwischen den Galliumatomen und den Lanthanoiden kommt es unter den experimentellen Bedingungen zu einer Zersetzung der Komplexe, sodass nur das Massenspektrum des Liganden erhalten wurde.

Die IR-Spektren der Verbindungen **3-5** stimmen überein und sind vergleichbar mit denen der analogen Verbindungen der Gruppe 2 von *Fedushkin et al.* Um herauszufinden, bei welcher Energie und Intensität die Banden der Ga-Ln-Schwingungen erwartet werden können, wurden von Dr. R. Köppe mit dem Programm Turbomole[95] Dichtefunktionalrechnungen durchgeführt, bei denen das RI-BP-86-Funktional[96] verwendet wurde. Hierfür wurde auf Ligandenseite nur der Metallazyklus betrachtet und alle Substituenten an diesem zur Vereinfachung durch Protonen ersetzt. So wurden für alle Elemente def-SVP-Basissätze verwendet.[97] Die 52 inneren Elektronen von Samarium wurden über ein relativistisch korrigiertes effektives Kernpotential simuliert.[98] Aufgrund der ionischen Bindungen des Samariums in der Oxidationsstufe +2 werden dessen 4f-Elektronen in das effektive Kernpotential integriert.[99] Die symmetrische A_g-Schwingung $\tilde{\nu}_s(SmGa_2)$ wird bei 364 cm^{-1} und die antisymmetrische B_{3u}-Schwingung $\tilde{\nu}_{as}(SmGa_2)$ bei 363 cm^{-1} erwartet. Allerdings ist die berechnete IR-Intensität von $\tilde{\nu}_{as}(SmGa_2)$ mit 0.75 km/mol sehr gering. Daher wird nicht erwartet, dass diese Schwingung im IR-Experiment sichtbar ist. Trotzdem wurden IR-Spektren der Verbindungen **3** und **4** zusätzlich zum mittleren auch im fernen Infrarotbereich gemessen. Das Experiment bestätigte jedoch die Vermutung, die durch die Rechnungen getroffen wurde, dass diese Schwingungen nicht beobachtet werden können. Daher wurde für Verbindung **5** nur das Spektrum im mittleren Infrarotbereich aufgenommen.

Ein aussagekräftiges Ramanspektrum konnte nur für die Verbindung **4** erhalten werden (Abbildung 7). Bei allen anderen Verbindungen kam es im Ramanspektrum zu einer Fluoreszenzerscheinung, aufgrund derer keine Aussage über die Ramanspektren getroffen werden kann (Abbildung 8 und Abbildung 9).

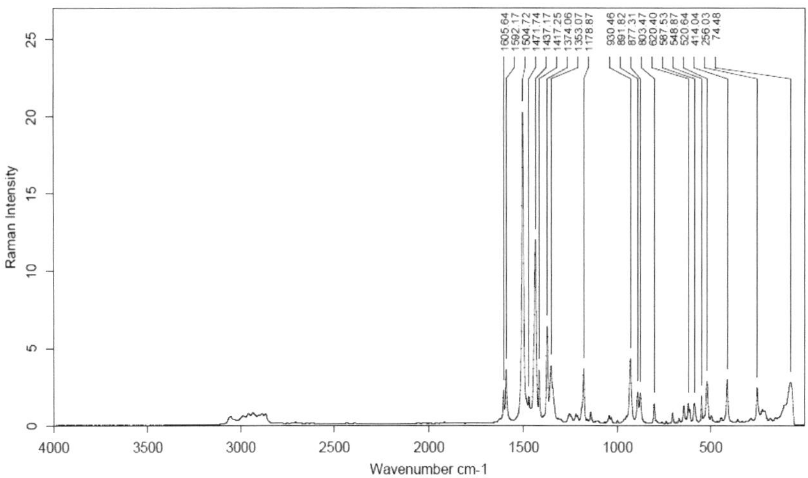

Abbildung 7: Raman-Spektrum der Verbindung [{(dipp-Bian)Ga}$_2$Eu(thf)$_4$] (**4**).

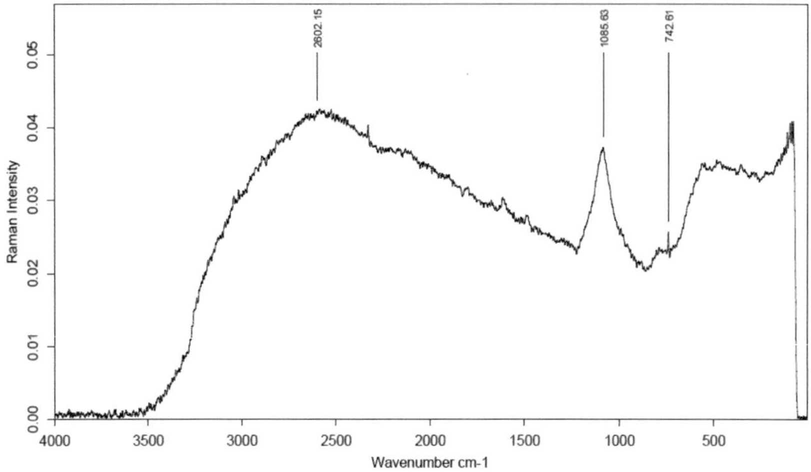

Abbildung 8: Raman-Spektrum der Verbindung [{(dipp-Bian)Ga}$_2$Sm(thf)$_4$] (**3**).

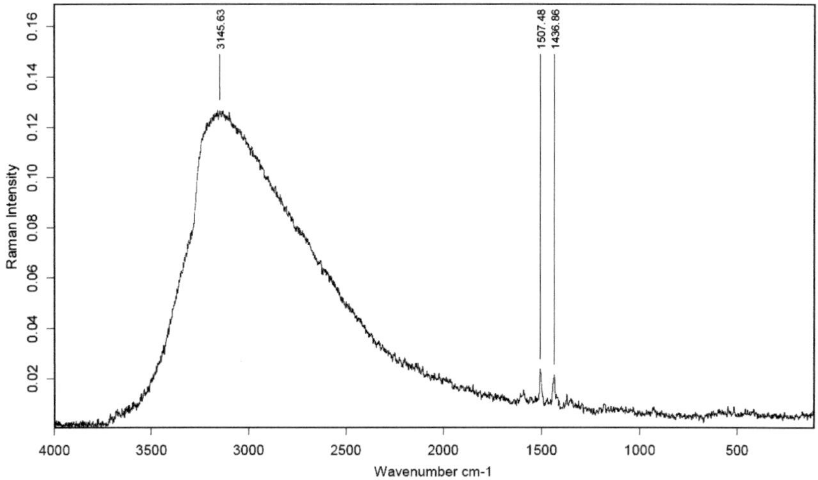

Abbildung 9: Raman-Spektrum der Verbindung [{(dipp-Bian)Ga}$_2$Yb(thf)$_4$] (**5**).

*3.2.1.2 [{(dipp-Bian)Ga-Ga(dipp-Bian)}(C_4H_8O)TmI(thf)$_5$] (**6**)*

Die Reaktion von $TmI_2(thf)_5$ mit [(dipp-Bian)Ga-K(thf)$_5$] bei -78 °C in THF führte nicht zum erwarteten Analogon der Verbindungen **3-5**. Statt einer einfachen Salzmetathesereaktion fand eine Reduktion des Lösungsmittels statt und es bildete sich der Tm(III)-Komplex [{(dipp-Bian)Ga-Ga(dipp-Bian)}(C_4H_8O)TmI(thf)$_5$] (**6**) (Schema 28).

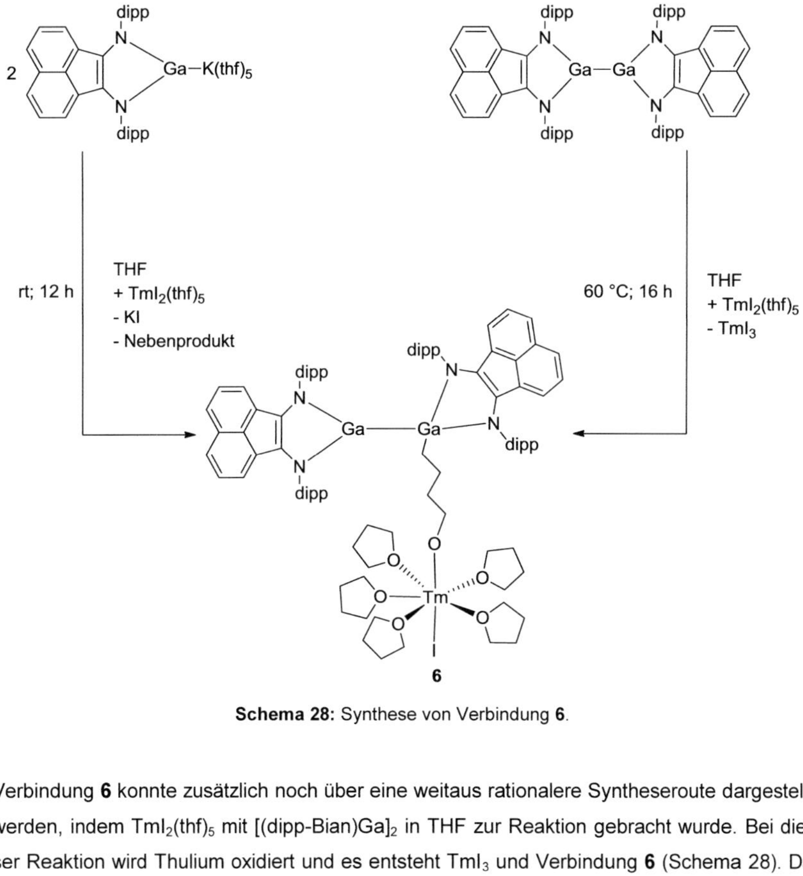

Schema 28: Synthese von Verbindung **6**.

Verbindung **6** konnte zusätzlich noch über eine weitaus rationalere Syntheseroute dargestellt werden, indem $TmI_2(thf)_5$ mit [(dipp-Bian)Ga]$_2$ in THF zur Reaktion gebracht wurde. Bei dieser Reaktion wird Thulium oxidiert und es entsteht TmI_3 und Verbindung **6** (Schema 28). Da zwei verschiedene Thuliumverbindungen entstehen, sind zwei Äquivalente $TmI_2(thf)_5$ nötig. THF dient als Reaktionspartner und wird zweifach reduziert, dabei kommt es zur Ringöffnung und das formal zweifach negativ geladene Anion $(O\text{-}CH_2\text{-}CH_2\text{-}CH_2\text{-}CH_2)^{2-}$ entsteht. Da die Affinität der Lanthanoide zu Sauerstoff höher ist als zu Kohlenstoff, bildet sich eine Thulium-Sauerstoff-Bindung zwischen dem Dianion und dem dreiwertigen Thuliumatom. Die negativ geladene $(CH_2)^-$-Einheit bindet dann an ein Galliumatom des vorhandenen [(dipp-Bian)Ga]$_2$. Hierbei kommt es zur Anlagerung des geöffneten THF-Moleküls, ohne weitere Redoxreaktion. Der Reaktionsweg mit [(dipp-Bian)Ga-K(thf)$_5$] ist wesentlich komplizierter. Zusätzlich zur Oxidation des Thuliumatoms und der zweifachen Reduktion eines THF-Moleküls kommt es zur Oxidation von [(dipp-Bian)Ga-K(thf)$_5$]. Für die Bildung des Dimers [(dipp-Bian)Ga]$_2$ werden zwei Äquivalente [(dipp-Bian)Ga-K(thf)$_5$] benötigt. Dadurch sind auch zwei Kaliumatome vorhanden, wovon eines mit dem Iodid aus $TmI_2(thf)_5$ zu KI reagiert und ausfällt. Thulium wird auch in dieser Reaktion oxidiert und THF zweifach reduziert. Formal gesehen fehlt noch ein Elektron und ein Kaliumatom ist noch ohne Reaktionspartner vorhanden. Daher muss noch mindestens ein Nebenprodukt entstanden sein, welches jedoch nicht näher untersucht werden konnte.

Verbindung **6** wurde standardanalytisch untersucht, auf NMR-Messungen wurde aufgrund des Paramagnetismus von Thulium verzichtet. Die IR-Banden liegen im erwarteten Bereich. Auf eine Auswertung der Elementaranalyse musste verzichtet werden, da die Kohlenstoff-Werte immer zu niedrig waren. Ein Ramanspektrum konnte nicht aufgenommen werden, da die Probe aufgrund ihrer intensiv schwarzen Farbe das Licht komplett absorbiert hat.

Die Festkörperstruktur der Verbindung **6** konnte durch Einkristallröntgenstrukturanalyse bestimmt werden (Abbildung 10). Verbindung **6** kristallisiert in der monoklinen Raumgruppe *C2/c* mit einem Molekül **6** und drei THF-Molekülen in der asymmetrischen Einheit. Von den nichtkoordinierenden Lösungsmittelmolekülen konnte nur ein Äquivalent THF verfeinert werden, die übrigen THF-Moleküle sind stark fehlgeordnet. Die Elektronendichte dieser fehlgeordneten Lösungsmittelmoleküle wurde mittels der SQUEEZE-Routine in PLATON unterdrückt.[100] Das besondere Merkmal der Verbindung **6** ist das $(O\text{-}CH_2\text{-}CH_2\text{-}CH_2\text{-}CH_2)^{2-}$-Dianion, das mit dem Sauerstoffatom an das {TmI(thf)$_5$}-Fragment koordiniert und eine Thulium-Sauerstoff-Bindung der Länge 1.964(4) Å ausbildet. Diese Bindungslänge ist wesentlich kürzer als die Thulium-Sauerstoff-Bindung der normal koordinierenden THF-Moleküle (durchschnittlich 2.375(4) Å), was den anionischen Charakter von $(O\text{-}CH_2\text{-}CH_2\text{-}CH_2\text{-}CH_2)^{2-}$ unterstützt. Die fünf THF-Moleküle, das Iodatom und das $(O\text{-}CH_2\text{-}CH_2\text{-}CH_2\text{-}CH_2)^{2-}$-Dianion bilden eine verzerrte pentagonale Bipyramide um das Thuliumatom mit allen fünf THF-Molekülen in der äquatorialen Ebene. Die Summe der fünf O-Ln-O-Bindungswinkel zwischen den THF-Molekülen in der Ebene liegt nahezu im idealen Bereich von 360° (**6**: 360.85°). Die negativ geladene $(CH_2)^-$-Einheit des $(O\text{-}CH_2\text{-}CH_2\text{-}CH_2\text{-}CH_2)^{2-}$-Dianions bindet an eines der beiden Galliumatome in [(dipp-Bian)Ga]$_2$. Durch die asymmetrische Koordination des Dianions ist das [(dipp-Bian)Ga]$_2$-Gerüst stark abgewinkelt. Der Ga2-C73-Bindungsabstand beträgt 1.985(5) Å. Das THF-gebundene Galliumatom Ga2 ist verzerrt tetraedrisch durch ein

Kohlenstoff-, ein Gallium- und zwei Stickstoffatome koordiniert, während Ga1 verzerrt trigonal-planar von Ga2 und zwei Stickstoffatomen des Liganden umgeben ist. Die Gallium-Gallium-Bindung in Verbindung **6** ist mit 2.5287(8) Å um 0.1689 Å länger als im Dimer $[(dipp\text{-}Bian)Ga]_2$ mit 2.3598(3) Å. Alle vier Ga-N-Bindungen (durchschnittlich 1.923 Å) sind im Vergleich zum Dimer (1.860 Å) verlängert. Während zwei Gallium-Stickstoff-Bindungen gleich sind (Ga1-N2 1.923(4) Å; Ga2-N3 1.924(4) Å), kommt es am trigonal koordinierten Gallium zu einer Verkürzung der Bindung (Ga1-N1 1.914(4) Å) und am tetraedrisch koordinierten Gallium zu einer Verlängerung (Ga2-N4 1.930 Å). Die N-C-Bindungslängen am Ga1 liegen mit 1.387(6) Å und 1.399(6) Å im erwarteten Bereich (vgl. Dimer: durchschnittlich 1.388 Å),[61] die dazu leicht verkürzten N-C-Bindungen im Metallazyklus von Ga2 (1.370(6) und 1.380(6) Å) sind ebenfalls noch im erwarteten Bereich für einen dianionischen Liganden. Daher kann eine Redoxreaktion an einem der Galliumatome definitiv ausgeschlossen werden. Die N-Ga-N-Bisswinkel in Verbindung **6** (87.3(2) und 86.5(5)°) liegen zwischen den Bisswinkeln der Verbindungen **3**-**5** (durchschnittlich 84.327°) und $[(dipp\text{-}Bian)Ga]_2$ (durchschnittlich 90.325°).[61]

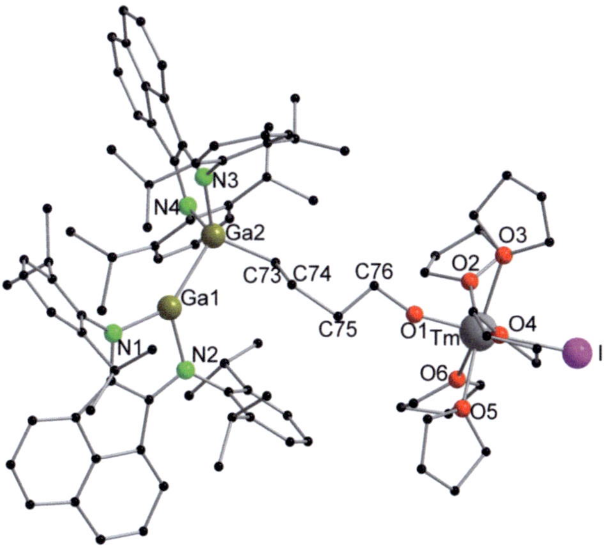

Abbildung 10: Struktur von Verbindung **6** im Festkörper ohne Darstellung der Wasserstoffatome. Ausgewählte Abstände [Å] und Winkel [°]: Tm-O1 1.964(4), Tm-O2 2.379(4), Tm-O3 2.377(4), Tm-O4 2.362(4), Tm-O5 2.366(3), Tm-O6 2.389(4), Tm-I 3.0259(5), Ga1-Ga2 2.5287(8), Ga1-N1 1.914(4), Ga1-N2 1.923(4), Ga2-N3 1.924(4), Ga2-N4 1.930(4), Ga2-C73 1.985(5), N1-C1 1.387(6), N2-C2 1.399(6), C1-C2 1.371(6), N3-C37 1.370(6), N4-C38 1.380(6), C37-C38 1.368(7); O1-Tm-O2 86.23(14), O1-Tm-O3 89.99(15), O1-Tm-O4 91.53(15), O1-Tm-O5 87.68(14), O1-Tm-O6 94.74(15), O2-Tm-O3 72.40(13), O2-Tm-O4 145.18(13), O2-Tm-O5 142.06(13), O2-Tm-O6 72.05(13), O3-Tm-O4 72.86(13), O3-Tm-O5 145.04(13), O3-Tm-O6 143.71(13), O4-Tm-O5 72.34(13), O4-Tm-O6 142.67(12), O5-Tm-O6 71.20(12), O1-Tm-I 177.35(11), O2-Tm-I 91.81(10), O3-Tm-I 87.71(10), O4-Tm-I 89.05(9), O5-Tm-I 94.96(9), O6-Tm-I 86.35(9), N1-Ga1-N2 87.3(2), N3-Ga2-N4 86.5(2), N3-Ga2-C73 119.6(2), N4-Ga2-C73 118.1(2).

Die Addition eines Kohlenstoffatoms an Gallium im $[(dipp\text{-}Bian)Ga]_2$ ist nicht unbekannt. So konnte *Fedushkin et al.* unterschiedlich substituierte Alkine an $[(dipp\text{-}Bian)Ga]_2$ addieren. Bei dieser Art von Reaktion bindet das Alkin an ein Ga-N-C-Fragment und es entsteht eine C-C- sowie eine C-Ga-Bindung (Schema 29). Dabei kommt es zur Verlängerung der Ga-Ga-Bindung (2.413 Å) und einer Ga-N-Bindung (2.173(1)-2.203(3) Å).[101]

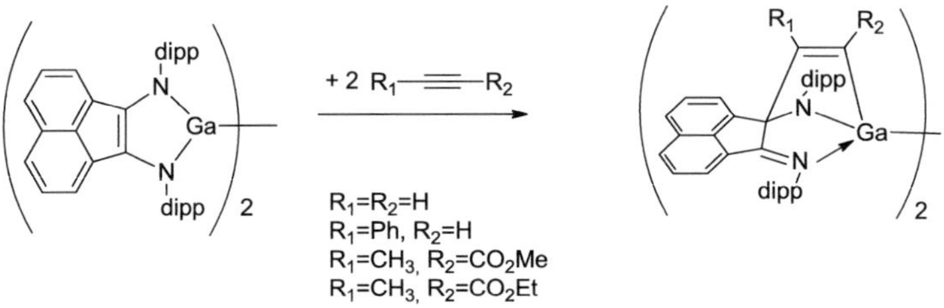

Schema 29: Reaktion von $[(dipp\text{-}Bian)Ga]_2$ mit Alkinen.[101]

Gleichzeitig zur Darstellung von Verbindung **6** konnte *Fedushkin et al.* den entsprechenden Komplex mit Dysprosium darstellen. Diese Reaktion gelang nur durch die Umsetzung von DyI_2 mit $[(dipp\text{-}Bian)Ga]_2$ in THF und nicht durch eine Umsetzung mit $[(dipp\text{-}Bian)Ga\text{-}K(thf)_5]$.[94] Die Verbindung $[\{(dipp\text{-}Bian)Ga\text{-}Ga(dipp\text{-}Bian)\}(C_4H_8O)DyI(thf)_5]$ ist isostrukturell zu **6**, allerdings konnten hier alle freien THF-Moleküle verfeinert werden.[94] Der Abstand zwischen dem Sauerstoffatom des Dianions $(O\text{-}CH_2\text{-}CH_2\text{-}CH_2\text{-}CH_2)^{2-}$ und dem Dysprosiumatom ist etwas größer als im entsprechenden Thuliumkomplex (Tm-O: 1.964(4) Å; Dy-O: 2.005(5) Å). Dies entspricht den Erwartungen aufgrund des kleineren Ionenradius von Tm^{3+} (1.02 Å) im Vergleich zu Dy^{3+} (1.05 Å).[30] Auch die Tm-O-Bindungen zu den nicht gespaltenen, normal koordinierenden THF-Molekülen sind mit durchschnittlich 2.375(4) Å wie erwartet etwas kürzer als die Dy-O-Bindungen mit durchschnittlich 2.416 Å. Der Ga2-C73 Bindungsabstand ist mit 1.992(6) Å im Vergleich zu Verbindung **6** (1.985(5) Å) nur unwesentlich länger. Die Bindungslänge zwischen Thulium und Iod beträgt 3.0259(5) Å, zwischen Dysprosium und Iod ist sie mit 3.0513(6) Å um 0.0254 Å länger. Vergleicht man den Längenunterschied der Bindung der Sauerstoffatome an die entsprechenden Lanthanoide, handelt es sich hierbei um durchschnittlich 0.041 Å, die die Bindungen zum Dysprosiumatom länger sind als zum Thuliumzentrum. Dieser Effekt scheint sich beim Iod mit einer Differenz von 0.0254 Å nicht ganz so stark bemerkbar zu machen. Vergleichbare Digalliumkomplexe mit anionischen σ- und π-Donoren sind $[\{(Me_3Si)_2CH\}_2Ga\text{-}Ga\{CH(SiMe_3)_2\}(\sigma\text{-}C{\equiv}CPh)][Li(thf)_4]$ von *W. Uhl*[102], $[Li(thf)_4][Ga_2(SiPh_3)_5]$ von *G. Linti*[103] und $[\{Ga[NArCH]_2\}_2\{\mu\text{-}CpK(tmeda)_2\}]$ (Ar = $2{,}6\text{-}{}^iPr_2\text{-}C_6H_3$) von *C. Jones*.[104] Bei diesen Verbindungen bindet der zusätzliche Ligand an eines der koordinativ ungesättigten Galliumatome. Daraus folgt eine dreifache, trigonalplanare Koordination am ersten und eine vierfache, tetraedrische Koordination am zweiten Gallium, wobei die Bindung zwischen den beiden Galliumatomen jedoch erhalten bleibt. In Verbindung **6** und ihrer analogen Dysprosiumverbindung kommt es zu einer Bindungsverlängerung mit 2.5287(8) Å (**6**) und 2.5298(10) Å (Dysprosium-Analogon) im Vergleich zu der Bindung im [(dipp-Bian)Ga]$_2$ (2.3598(3) Å)[66b] durch den anionischen Charakter des koordinierenden Liganden (O-CH$_2$-CH$_2$-CH$_2$-CH$_2$)$^{2-}$. Im Vergleich zu Diethylether, welches nicht an Gallium in [(dipp-Bian)Ga]$_2$ koordiniert, ist die anionische (CH$_2$)$^-$-Gruppe im (O-CH$_2$-CH$_2$-CH$_2$-CH$_2$)$^{2-}$ Liganden (aus THF) nukleophil genug, um ein Lewis-Säure/Base Addukt mit Gallium in [(dipp-Bian)Ga]$_2$ zu bilden und dient daher als nukleophile Falle. Ringgeöffnete THF-Verbindungen der Seltenerdelemente sind bereits bekannt, wie z.B. [Cp*Sc(BH$_4$){μ-O(CH$_2$)$_3$CH$_3$}]$_2$,[105] [(η^5-C$_5$Me$_5$)$_2$Ln{O(CH$_2$)$_4$(η^5-C$_5$Me$_5$)}thf] (Ln = La, Nd, Sm, Tm, Lu),[106] [{Sc{μ-O(CH$_2$)$_4$(Dtp)}Cl$_2$(thf)$_2$}$_2$] (Dtp = 2,5-di-*tert*-butyl-3,4-dimethylphospholide),[107] [(η^5-C$_5$H$_5$)$_2$Lu(μ-O(CH$_2$)$_4$P(C$_6$H$_5$)$_2$)]$_2$[108] und [(η^5-C$_5$Me$_5$)$_2$Sm{O(CH$_2$)$_4$EPh$_2$}(thf)] (E = P, As),[109] allerdings kam es bei diesen Verbindungen im Gegensatz zu Verbindung **6** und seinem Dysprosiumanalogon nicht zur Bildung des Dianions (O-CH$_2$-CH$_2$-CH$_2$-CH$_2$)$^{2-}$ (Schema 30).

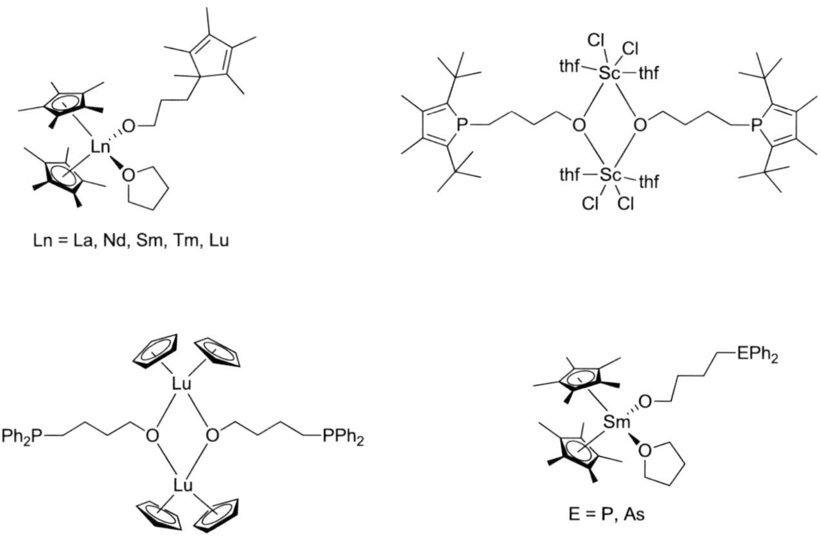

Schema 30: Ringgeöffnete THF-Verbindungen der Seltenerdelemente ohne Bildung des Dianions.[106-109]

3.2.2 Darstellung der Erdalkalimetallkomplexe

Die Erdalkalimetallkomplexe mit $\{(dipp\text{-}Bian)Ga\}^-$ als Ligand wurden bereits 2010 von *Fedushkin et al.* veröffentlicht. Jedoch konnten nur von der Bariumverbindung $[\{(dipp\text{-}Bian)Ga\}_2Ba(thf)_5]$ Einkristalle erhalten und die Struktur verfeinert werden. Die Verfeinerung für die leichteren Erdalkalimetallkomplexe $[\{(dipp\text{-}Bian)Ga\}_2M(thf)_x]$ (M = Mg, x = 3; M = Ca, x = 4; M = Sr, x = 4) gelang aufgrund der schlechten Datensätze nicht.[61]

Die Erdalkalimetallkomplexe $[\{(dipp\text{-}Bian)Ga\}_2M(thf)_x]$ (M = Mg, x = 3; M = Ca, x = 4; M = Sr, x = 4; M = Ba, x = 5) konnten durch Reduktion der Digalliumverbindung $[(dipp\text{-}Bian)Ga]_2$ mit den entsprechenden elementaren Metallen der Gruppe 2 in THF erhalten werden. Im Fall von Magnesium wurde ein Überschuss an Metall, welches vorher mit Iod aktiviert wurde, verwendet, während bei Calcium und Strontium stöchiometrische Mengen Metall ohne vorherige Aktivierung verwendet wurden. Für Barium gibt es zwei mögliche Zugangswege, zum einen die direkte Reduktion mit stöchiometrischen Mengen Metall, zum anderen die Salzmetathese, bei der BaI_2 mit $[(dipp\text{-}Bian)Ga\text{-}Na(Et_2O)]$ umgesetzt wird.

Nach der erfolgreichen Synthese der Lanthanoidverbindungen $[\{(dipp\text{-}Bian)Ga\}_2Ln(thf)_4]$ über Salzmetathesereaktionen sollte dieser Reaktionsweg auch für die Erdalkalimetalle untersucht werden. Zudem sollten über diese Synthesevariante Einkristalle erhalten werden, die für die Röntgenstrukturanalyse geeignet sind, um die Strukturen für Calcium und Strontium zu bestätigen. Bei den Lanthanoiden und bei der Strontiumverbindung war das Entfernen von THF und anschließendes Lösen des Rückstandes in Toluol nötig, da sich das entstandene Kaliumiodid relativ gut in THF gelöst hat. So fielen nur kleine Mengen Kaliumiodid aus, die abfiltriert werden konnten, jedoch kam es beim Einengen der Lösungen immer wieder zu Nachfällungen von KI. Dies konnte durch die Verwendung von Toluol verhindert werden, da Kaliumiodid schlechter in Toluol löslich ist als in THF. So konnten unter gleichen Bedingungen wie bei den Lanthanoiden Einkristalle der Strontiumverbindung $[\{(dipp\text{-}Bian)Ga\}_2Sr(thf)_4]$ (**8**) erhalten werden. Die analoge Reaktion von $[(dipp\text{-}Bian)Ga\text{-}K(thf)_5]$ mit Calciumiodid musste ohne Zusatz von Toluol durchgeführt werden, da dies zur Zersetzung führte. Daher wurde auf die Zugabe von Toluol verzichtet und die Reaktionslösung in THF soweit wie möglich eingeengt, bevor Kaliumiodid abfiltriert wurde. Dies sollte die Nachfällung von Kaliumiodid verhindern. Zur Kristallstrukturanalyse geeignete Einkristalle von $[\{(dipp\text{-}Bian)Ga\}_2Ca(thf)_4]$ (**7**) konnten durch langsames Entfernen des Lösungsmittels erhalten werden.

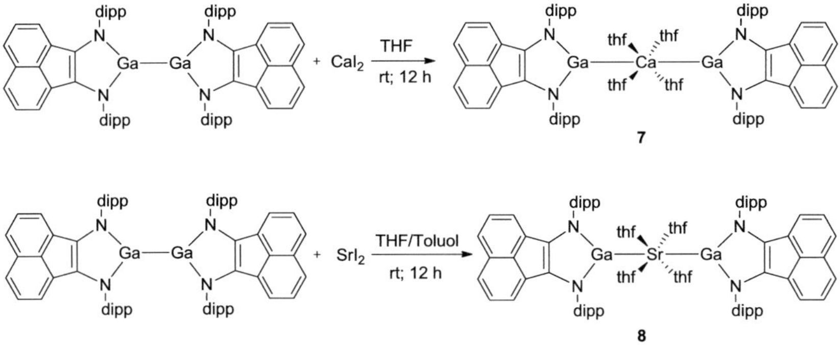

Schema 31: Darstellung der Erdalkalikomplexe **7** und **8**.

Verbindung **7** kristallisiert in der monoklinen Raumgruppe $P2_1/c$ mit vier Molekülen und einem freien Lösungsmittelmolekül THF in der Elementarzelle. In der asymmetrischen Einheit befindet sich ein Molekül **7** sowie ein Molekül THF, ein Inversionszentrum innerhalb des Moleküls liegt nicht vor. Das Calciumatom wird verzerrt oktaedrisch von zwei Einheiten $\{(\text{dipp-Bian})\text{Ga}\}^-$ axial und von vier THF-Molekülen äquatorial koordiniert, wobei die Ga1-Ca-Ga2-Achse elongiert ist und mit 174.11° nicht ganz dem idealen Winkel von 180° entspricht. Der Ga1-Ca-Abstand beträgt 3.1498(12) Å und der Ga2-Ca-Abstand 3.1356(12) Å, im verwandten Komplex $[\{(\text{ArNCR})_2\text{Ga}\}_2\text{Ca(thf)}_4]$ (R = H, Me) ist das Calciumatom ebenfalls oktaedrisch koordiniert und der Ga-Ca-Bindungsabstand ist mit 3.1587(6) Å etwas länger.[45] In beiden Komplexen ist die Ga-Ca-Bindungslänge größer als die Summe der Kovalenzradien (2.91 Å).[110] Der durchschnittliche Bindungsabstand von 1.953 Å zwischen den Gallium- und Stickstoffatomen liegt im erwarteten Bereich. Aufgrund des Bisswinkels (84.72(17)° bzw. 84.07(17)°), der N-C-Bindungslängen (1.384(6) Å, 1.385(6) Å bzw. 1.377(6) Å, 1.367(6) Å) und der C-C-Bindungslängen (1.368(7) Å und 1.381(7) Å) im Metallazyklus kann auf einen dianionischen Zustand der (dipp-Bian)-Einheit geschlossen werden.

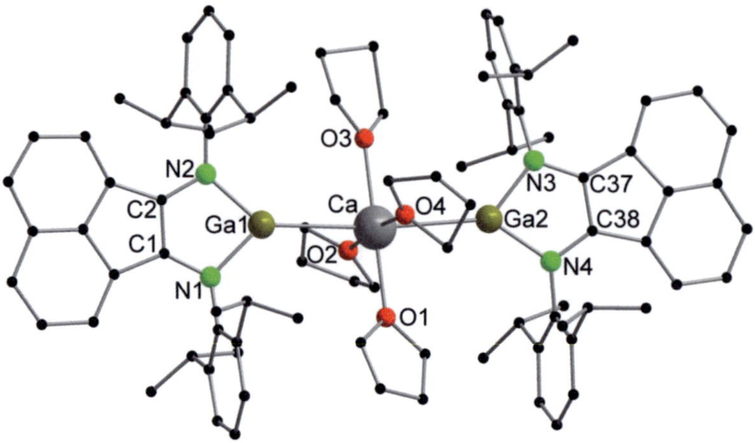

Abbildung 11: Struktur von Verbindung **7** im Festkörper ohne Darstellung der Wasserstoffatome. Ausgewählte Abstände [Å] und Winkel [°]: Ca-Ga1 3.1498(12), Ca-Ga2 3.1356(12), Ca-O1 2.358(4), Ca-O2 2.363(4), Ca-O3 2.353(4), Ca-O4 2.362(4), Ga1-N1 1.949(4), Ga1-N2 1.958(4), Ga2-N3 1.945(4), Ga2-N4 1.959(4), N1-C1 1.384(6), N2-C2 1.385(6), C1-C2 1.368(7), N3-C37 1.377(6), N4-C38 1.367(6), C37-C38 1.381(7); Ga1-Ca-Ga2 174.11(4), Ga1-Ca-O1 94.55(10), Ga2-Ca-O1 90.18(10), Ga1-Ca-O2 91.15(10), Ga2-Ca-O2 92.54(10), Ga1-Ca-O3 86.07(9), Ga2-Ca-O3 89.32(10), Ga1-Ca-O4 90.60(11), Ga2-Ca-O4 86.23(11), O1-Ca-O2 87.8(2), O1-Ca-O3 178.07(16), O1-Ca-O4 85.9(2), O2-Ca-O3 90.38(16), O2-Ca-O4 173.5(2), O3-Ca-O4 96.00(2), N1-Ga1-N2 84.7(2), N3-Ga2-N4 84.1(2), N1-C1-C2 117.6(4), N2-C2-C1 116.8(4), N3-C37-C38 117.1(4), N4-C38-C37 116.3(4), N1-Ga1-Ca 135.34(13), N2-Ga1-Ca 139.79(12), N3-Ga2-Ca 133.93(12), N4-Ga2-Ca 141.79(12), Ga-N1-C1 110.4(3), Ga1-N2-C2 110.5(3), Ga2-N3-C37 111.1(3), Ga2-N4-C38 111.4(3).

Verbindung **8** kristallisiert isostrukturell zu den Verbindungen **3-5** in der monoklinen Raumgruppe $P2_1/n$ mit zwei Molekülen in der Elementarzelle. Genau wie bei der Europiumverbindung **4** befinden sich zusätzlich zu den koordinierenden THF-Molekülen vier weitere Moleküle THF sowie zwei Moleküle Toluol in der Elementarzelle. Auch bei Verbindung **8** liegt ein halbes Molekül in der asymmetrischen Einheit und das kristallographische Inversionszentrum befindet sich im Strontiumatom. Somit sind hier, im Gegensatz zur Bariumverbindung, die beiden {(dipp-Bian)Ga}$^-$-Liganden in einer Ebene linear angeordnet und bilden einen Bindungswinkel von 180°. Der Sr-Ga-Abstand beträgt 3.3407(6) Å und liegt im erwarteten Bereich. Im Vergleich dazu ist der Sr-Ga-Bindungsabstand im Metallocen [$(C_5Me_5)_2$(thf)Sr-Ga(C_5Me_5)] mit 3.4348(7) Å um ca. 0.1 Å länger.[111] Auch hier könnte der Grund der kürzeren Bindungslänge in **8** an Packungseffekten liegen. Vergleicht man allerdings die Ba-Ga-Bindunglängen von [{(dipp-Bian)Ga}$_2$Ba(thf)$_5$] (Ga-Ba: 3.6433(5) und 3.5964(7) Å) und [$(C_5Me_5)_2$Ba-{Ga(C_5Me_5)}$_2$] (Ga-Ba: 3.6024(6) und 3.5798(7) Å), stellt man fest, dass diese in beiden Verbindungen kaum Unterschiede zeigen.[61] Der durchschnittliche N-Ga-Bindungsabstand von 1.9604 Å liegt im Bereich der entsprechenden Abstände der analogen Barium- und Lanthanoidverbindungen.

Mit Hilfe der N-C- und C-C-Bindungen im Metallazyklus lässt sich auf die Oxidationsstufe des Liganden schließen. Die Bindungsabstände N1-C1 (1.375(4) Å), N2-C2 (1.378(4) Å) und C1-C2 (1.391(5) Å) liegen im selben Bereich wie die Bindungsabstände der Ausgangsverbindung [(dipp-Bian)Ga]$_2$, was einem dianionischen Zustand von dipp-Bian entspricht. Zusätzlich zu den beiden {(dipp-Bian)Ga}$^-$-Liganden wird Strontium noch von vier Molekülen THF koordiniert, die zusammen eine leicht verzerrte oktaedrische Koordination einnehmen. Alle Bindungswinkel liegen im Bereich von 90° bzw. 180°. Der N1-Ga-N2-Bisswinkel liegt mit 84.22(12)° im erwarteten Bereich.

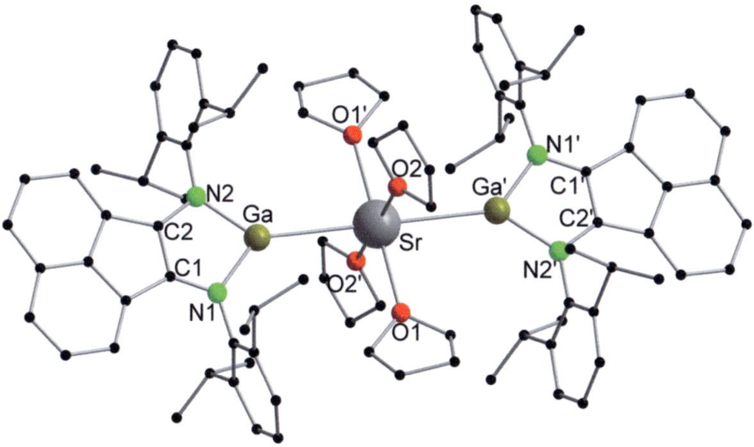

Abbildung 12: Struktur von Verbindung **8** im Festkörper ohne Darstellung der Wasserstoffatome. Ausgewählte Abstände [Å] und Winkel [°]: Sr-Ga 3.3408(6), Sr-O1 2.514(3), Sr-O2 2.502(3), Ga-N1 1.954(3), Ga-N2 1.967(3), N1-C1 1.375(4), N2-C2 1.378(4), C1-C2 1.391(5); Ga-Sr-Ga' 180, Ga-Sr-O1 86.30(7), Ga-Sr-O2 89.56(9), O1-Sr-O2 91.24(11), O2-Sr-O1 88.77(11), N1-Ga-N2 84.22(12), N1-C1-C2 116.9(3), N2-C2-C1 116.5(3), N1-Ga-Sr 135.16(9), N2-Ga-Sr 140.35(8), Ga-N1-C1 111.3(2), Ga-N2-C2 111.0(2).

Die weitere Charakterisierung der kristallinen Produkte erfolgte über NMR- und IR-Spektroskopie. Die IR-Spektren der Calcium- und der Strontiumverbindung sind übereinstimmend, auch im Vergleich zu den von *Fedushkin et al.* veröffentlichten IR-Banden.[61] Im Gegensatz zu *Fedushkin et al.* konnten weitere Banden bei 3061 cm^{-1} (**7**) bzw. 3062 cm^{-1} (**8**) detektiert werden, welche von den C-H-Schwingungen der aromatischen Protonen resultieren.

Die ^{1}H-NMR-Spektren der beiden Verbindungen zeigen die erwarteten Signale. Wie bei der Ytterbiumverbindung sind auch hier Signale eines Zersetzungsproduktes sichtbar. Da die chemischen Verschiebungen im NMR-Spektrum gleich sind, scheint es sich in allen drei Fällen um dasselbe Zersetzungsprodukt zu handeln. In den $^{13}C\{^1H\}$-NMR-Spektren der Verbindungen **7** und **8** fehlen zwei Signale, die im $^{13}C\{^1H\}$-NMR-Spektrum von Verbindung **5** zu beobachten sind. Bei Verbindung **7** können so die Signale δ = 122.4, 122.6 und 123.2 ppm, die bei Verbindung **5** zu erkennen sind, nicht detektiert werden. Diese fallen wahrscheinlich auf ein Signal, das in diesem Bereich bei δ = 122.5 ppm beobachtet werden kann. Bei Verbindung **8** können die Signale bei δ = 122.4 und 122.6 ppm ebenfalls nicht detektiert werden, hier erscheint jedoch ein Signal bei δ = 122.2 ppm. Bei beiden Verbindungen **7** und **8** kann ein zusätzliches Signal bei δ = 135.6 ppm (**8**) bzw. 135.9 ppm (**7**) beobachtet werden.

3.2.3 Weitere Umsetzungen mit [(dipp-Bian)Ga]$_2$ und [(dipp-Bian)Ga-K(thf)$_5$]

Da bei der Reaktion von Thulium(II)iodid mit THF die gebildete $(CH_2)^-$-Einheit an [(dipp-Bian)Ga]$_2$ bindet, sollte untersucht werden, ob andere Moleküle, die dieselbe Einheit enthalten, ebenfalls an ein Galliumatom binden. Hierzu sollte die Reaktion von [(dipp-Bian)Ga]$_2$ mit Benzylkalium untersucht werden (Schema 32). Es konnte weder eine Farbänderung noch ein Niederschlag beobachtet werden. Auch nach längerem Erhitzen konnte keine Änderung der Reaktionslösung festgestellt werden. Mögliche Reaktionsprodukte konnten noch nicht näher bestimmt werden.

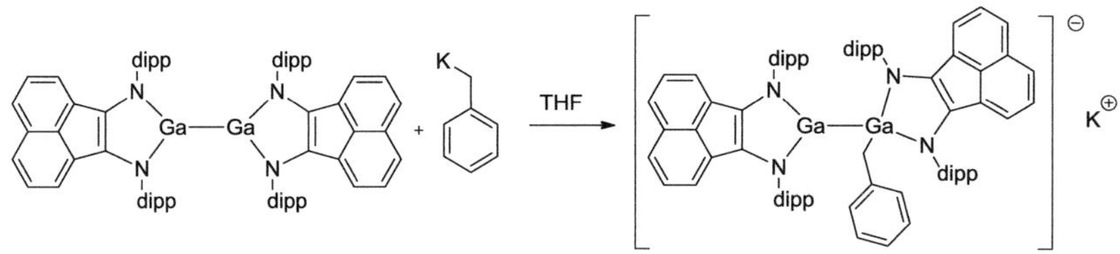

Schema 32: Reaktion von [(dipp-Bian)Ga]$_2$ mit Benzylkalium.

Versuche, in Zusammenarbeit mit *C. Apostolidis* vom Institut für Transurane (ITU) am Karlsruher Institut für Technologie (KIT), [(dipp-Bian)Ga]$_2$-Actinoidkomplexe über die Amalgamroute zu erhalten, scheiterten daran, dass Uran nicht mit Quecksilber aktiviert werden konnte (Schema 33). Auch nach längerem Erhitzen im Ultraschallbad konnte die Bildung eines Uranamalgams nicht beobachtet werden.

Anschließend wurde noch versucht [(dipp-Bian)Ga]$_2$-Actinoidkomplexe über Salzmetathese von [(dipp-Bian)Ga-K(thf)$_5$] mit Cp_3UCl bzw. Cp_3ThCl zu erhalten (Schema 33). Bei diesen Reaktionen bildete sich ein weißer Niederschlag, die Reaktionslösung färbte sich von grün nach violett. Kristalle konnten leider nicht erhalten werden, ein ^{1}H-NMR-Spektrum wurde aufgenommen.

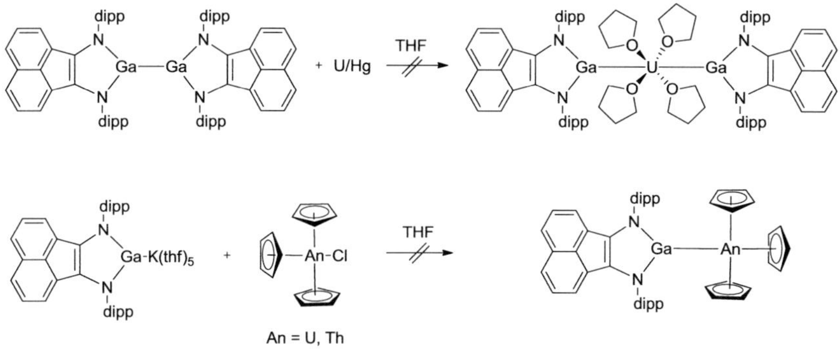

Schema 33: Versuchte Synthesen von [(dipp-Bian)Ga]$_2$-Actinoidkomplexen mit Uran und Thorium.

Beim Vergleich der ^{1}H-NMR-Spektren der Reaktionsprodukte mit dem ^{1}H-NMR-Spektrum von [(dipp-Bian)Ga-K(thf)$_5$] konnten jedoch keine Unterschiede festgestellt werden. Dies ist insofern nicht verwunderlich, da dies auch schon bei den Lanthanoidkomplexen beobachtet werden konnte. Die Protonen des Liganden sind zu weit vom Actinoid entfernt, um von diesem beeinflusst werden zu können. Daher kann keine Aussage über die Produkte der Reaktionen von [(dipp-Bian)Ga-K(thf)$_5$] mit Cp_3UCl bzw. Cp_3ThCl getroffen werden. Weitere standardanalytische Methoden wurden nicht genutzt, da auch hier bei den Lanthanoidkomplexen keine ausreichenden Informationen erhalten werden konnten, die Rückschlüsse auf die Struktur der Verbindungen zuließen.

Reaktionen mit den dreiwertigen Lanthanoidhalogeniden und [(dipp-Bian)Ga-K(thf)$_5$] führten nicht zu den gewünschten, dreifach koordinierten Produkten. Bei den Umsetzungen der Iodide von Lanthan, Neodym, Thulium und Yttrium mit [(dipp-Bian)Ga-K(thf)$_5$] kam es zu einer Farbänderung der Reaktionslösung von grün nach schwarz. Zusätzlich war eine zweite, braungefärbte Phase zu beobachten. Um auszuschließen, dass es sich hierbei um Iod handelte, welches durch Redoxreaktionen entstanden sein könnte, wurden Umsetzungen mit den Chloriden versucht. Bei den Reaktionen von $LnCl_3$ (Ln = Nd, Tb, Dy, Y, Er und Lu) mit [(dipp-Bian)Ga-K(thf)$_5$] kam es ebenfalls zu einer Farbänderung der Lösung von grün nach schwarz. Außerdem fiel ein schwarzer Feststoff aus, der nicht näher untersucht wurde. Alle

Umsetzungen wurden zusätzlich in unterschiedlichen Stöchiometrien durchgeführt, wobei jedes Mal die gleichen Beobachtungen gemacht werden konnten. Die Reaktionsprodukte konnten jedoch nicht genauer untersucht werden.

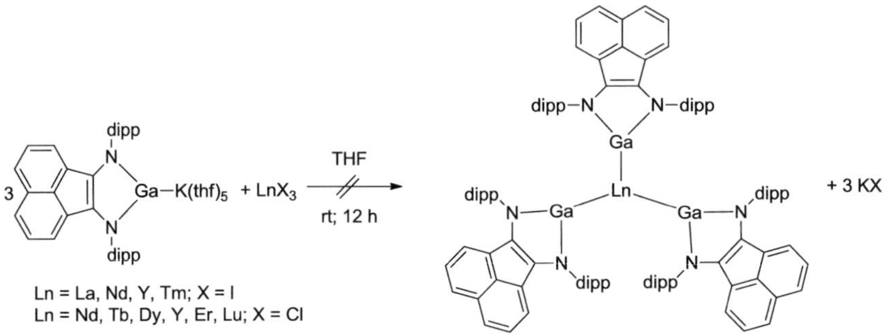

Schema 34: Versuchte Synthese von dreifach koordinierten Lanthanoid-Galliumkomplexen.

Bei der Umsetzung mit Lanthan(III)chlorid konnte ein weißer Niederschlag beobachtet werden, der abgetrennt wurde. Dieser wurde nicht näher untersucht, da davon ausgegangen wurde, dass es sich um Kaliumchlorid handelte. Durch langsames Einengen des Filtrats konnten Kristalle der Zusammensetzung [(dipp-Bian)Ga(μ-O)K(thf)$_3$]$_2$ erhalten werden (Abbildung 13). Der Sauerstoff kommt wahrscheinlich aus Verunreinigungen des Lanthanchlorids. Bei dem beobachteten weißen Niederschlag könnte es sich auch um Lanthanchlorid handeln.

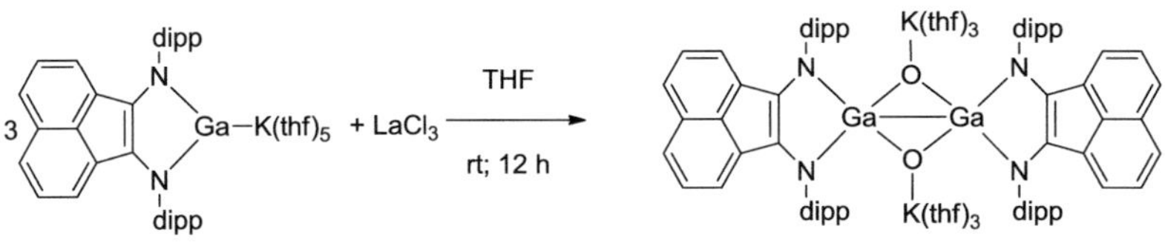

Schema 35: Synthese von Verbindung **9** aus [(dipp-Bian)Ga-K(thf)$_5$] und verunreinigtem LaCl$_3$.

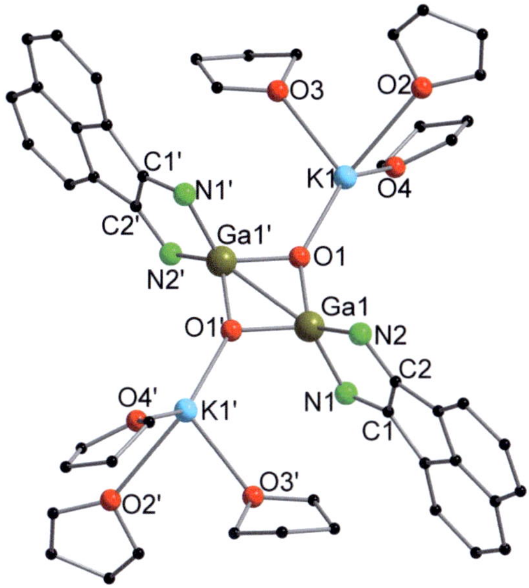

Abbildung 13: Struktur von Verbindung **9** im Festkörper ohne Darstellung der Wasserstoffatome sowie der Diisopropylphenylsubstituenten des Liganden. Ausgewählte Abstände [Å] und Winkel [°]: Ga1-Ga1' 2.6142(11), Ga1-O1 1.849(3), Ga1-O1' 1.866(2), Ga2-O5 1.855(3), Ga2-O5' 1.867(2), Ga1-N1 1.940(3), Ga1-N2 1.931(3), Ga2-N3 1.927(3), Ga2-N4 1.946(3), N1-C1 1.392(4), N2-C2 1.387(4), C1-C2 1.380(5), N3-C37 1.377(5), N4-C38 1.394(4), C37-C38 1.377(5); O1-Ga1-O1' 90.56(11), O5-Ga2-O5' 90.88(12), N1-Ga1-N2 88.86(12), N3-Ga2-N4 88.62(13), N1-C1-C2 119.1(3), N2-C2-C1 118.0(3), N3-C37-C38 119.4(3), N4-C38-C37 117.8(3).

Verbindung **9** kristallisiert in der triklinen Raumgruppe $P\overline{1}$ mit zwei Molekülen des Komplexes und einem THF-Molekül in der Elementarzelle. Beide Moleküle des Komplexes liegen nur zur Hälfte in der asymmetrischen Einheit und das kristallographische Inversionszentrum liegt im Mittelpunkt des durch die Gallium- und die verbrückenden Sauerstoffatome aufgespannten Rechtecks. Stellvertretend für beide Moleküle wird nur die Struktur der Verbindung die Ga1 enthält diskutiert. Die Moleküle enthalten nicht exakt dieselben Bindungslängen und -winkel, jedoch sind sich diese so ähnlich, dass auf die Diskussion des zweiten Moleküls verzichtet wird. Ausgewählte Bindungslängen und -winkel beider Moleküle sind in Abbildung 13 dargestellt. Die Naphthalineinheit liegt nicht exakt in der Ebene des Metallazyklus sondern ist um 8.91(7)° aus der Ebene gekippt. Die Galliumatome werden verzerrt tetraedrisch von zwei Stickstoffatomen und zwei Sauerstoffatomen koordiniert und liegen in einer Ebene mit dem Metallazyklus. Die Bindung zwischen den beiden Galliumatomen beträgt 2.6142(11) Å und ist somit länger als die Gallium-Gallium-Bindung in $[(dipp\text{-}Bian)Ga]_2$ (2.3598(3) Å), liegt jedoch in dem Bereich, der für andere sauerstoffverbrückte Gallium-Gallium-Spezies gefunden wird ($[\{HC(MeCdippN)_2\}GaO]_2$ 2.5989(3) Å,[112] $[(\mu\text{-}O)Ga\{[NArCMe]_2CH\}]_2$ 2.608 Å[113]). Der

Gallium-Stickstoff-Bindungsabstand liegt mit 1.940(3) Å und 1.931(3) Å im erwarteten Bereich.[94] Die N-C- und C-C-Bindungen liegen ebenfalls im Bereich der entsprechenden Bindungen in [(dipp-Bian)Ga]$_2$.[61] Die Gallium-Gallium-Bindung wird durch zwei Sauerstoffatome verbrückt, welche ober- bzw. unterhalb der Ebene liegen, die durch die beiden Metallazyklen geht. Die O-Ga-O-Bindungswinkel liegen bei 90° (O1-Ga1-O1' 90.56(11)°), die Gallium-Sauerstoff-Bindungen sind leicht asymmetrisch (Ga1-O1 1.849(3) und Ga1-O1' 1.866(2) Å). Die verbrückenden Sauerstoffatome binden zusätzlich an das Kaliumatom, welches von drei THF-Molekülen koordiniert wird. Die Koordination am Kaliumatom ist verzerrt tetraedrisch, wobei die K-O-Bindung zum verbrückenden Sauerstoff mit 2.585(3) Å die kürzeste ist und ionischen Charakter hat. Die K-O-Bindungen zu den Sauerstoffatomen der THF-Moleküle betragen 2.691(4) Å (K1-O3), 2.784(3) Å (K1-O2) und 2.829(4) Å (K1-O4) und sind so zum Teil länger als die K-O-Bindungslängen in [(dipp-Bian)Ga-K(thf)$_5$] (2.662-2.750 Å). Der Abstand zwischen Gallium und Kalium ist mit 3.928(2) Å deutlich länger als in [(dipp-Bian)Ga-K(thf)$_5$] (3.4396(6) Å).

Elementaranalyse und IR-Spektroskopie entsprechen den Erwartungen. Ein Massenspektrum wurde nicht aufgenommen, da bei allen anderen Verbindungen nur der freie Ligand dipp-Bian detektiert werden konnte.

Bei Umsetzungen von [(dipp-Bian)Ga-K(thf)$_5$] mit den Quecksilbersalzen $HgCl_2$ und Hg_2I_2 konnten die entstehenden Produkte analysiert werden. So konnten blaue Kristalle von [(dipp-Bian)Ga]$_2$ isoliert und röntgenographisch untersucht werden. Außerdem entstand Kaliumchlorid und elementares Quecksilber. Quecksilber scheint, sowohl einwertig als auch zweiwertig, zur Oxidation der {(dipp-Bian)Ga}$^-$-Einheit geeignet zu sein.

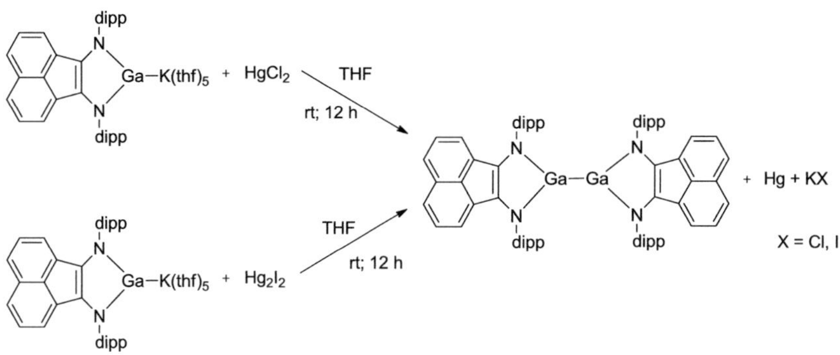

Schema 36: Umsetzungen von [(dipp-Bian)Ga-K(thf)$_5$] mit $HgCl_2$ und Hg_2I_2.

Addukte von schwach gebundenem [(C_5Me_5)Ga] an donorfreie Metallocene [(C_5Me_5)$_2$M] (M = Ca, Sr, Ba, Eu, Yb) konnten in unserer Arbeitsgruppe schon vor längerem dargestellt werden.[111] In dieser Arbeit sollte daher untersucht werden, ob eine solche Reaktion auch mit der {(dipp-Bian)Ga}$^-$-Einheit stattfinden kann. Versuche hierzu wurden mit den zweiwertigen Metallocenen [(C_5Me_5)$_2$M] (M = Sm, Eu, Yb) durchgeführt. Es konnte jedoch keine Reaktion festgestellt werden. Alternativ sollte auch hier die Reaktion über Salzmetathese durchgeführt werden. Hierzu wurde versucht, [(dipp-Bian)Ga-K(thf)$_5$] mit [(C_5Me_5)SmI] bzw. [Cp'''$_2$NdCl] (Cp''' = 1,2,4-Tris(*tert*-butyl)cyclopentadienyl) umzusetzen. Es kam zu keiner Reaktion, bei beiden Versuchen konnte jeweils [(dipp-Bian)Ga-K(thf)$_5$] auskristallisiert werden. Mit [(C_5H_5)$_2$LuCl(thf)] konnte dagegen eine sofortige Reaktion beobachtet werden, die Farbe der Reaktionslösung änderte sich von grün nach braun. Die Reaktion wurde in THF durchgeführt. Um das entstandene Kaliumchlorid komplett auszufällen, wurde das Lösungsmittel entfernt und der Rückstand in Toluol aufgenommen. Nach erfolgter Filtration wurde Toluol wieder entfernt und der Rückstand erneut in THF aufgenommen.

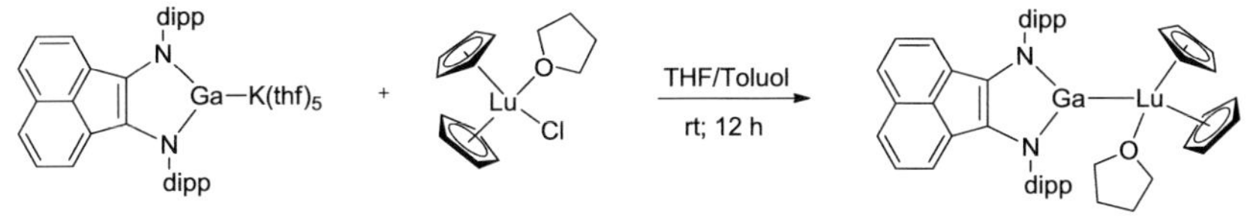

10

Schema 37: Darstellung von [(dipp-Bian)Ga-Lu(Cp)$_2$(thf)] (**10**).

Geeignete Kristalle zur Röntgenstrukturanalyse konnten aus heißem THF erhalten werden. Verbindung **10** kristallisiert in der chiralen Raumgruppe *Cc* mit vier Molekülen des Komplexes und vier THF-Molekülen in der Elementarzelle.

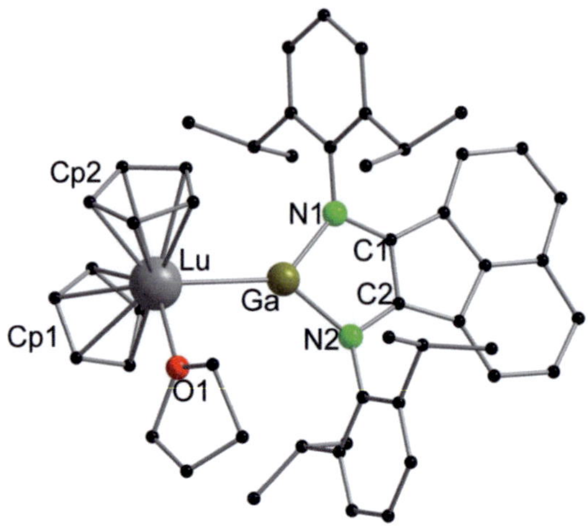

Abbildung 14: Struktur von Verbindung **10** im Festkörper ohne Darstellung der Wasserstoffatome. Ausgewählte Abstände [Å] und Winkel [°]: Ga-Lu 2.9005(8), Ga-N1 1.924(4), Ga-N2 1.940(4), N1-C1 1.401(6), N2-C2 1.392(7), C1-C2 1.367(7), Lu-O1 2.275(4), Lu-Cp1(Ringmittelpunkt) 2.3064(4), Lu-Cp2(Ringmittelpunkt) 2.2918(3); N1-Ga-N2 86.1(2), Ga-N1-C1 110.1(3), Ga-N2-C2 109.6(3), N1-C1-C2 116.8(4), N2-C2-N2 117.3(4), Cp1(Ringmittelpunkt)-Lu-Cp2(Ringmittelpunkt) 130.176(8), Cp1 (Ringmittelpunkt)-Lu-Ga 105.018(7), Cp1(Ringmittelpunkt)-Lu-O1 107.448(8), Cp2(Ringmittelpunkt)-Lu-Ga 104.035(7), Cp2(Ringmittelpunkt)-Lu-O1 111.452(8), Ga-Lu-O1 91.235(7).

Das Galliumatom ist trigonal-planar von zwei Stickstoff- und einem Lutetiumatom koordiniert und liegt in einer Ebene mit dem Ligandenrückgrat (Metallazyklus Ga-N1-C1-C2-N2). Die Gallium-Stickstoff-Bindungslängen liegen mit 1.924(4) und 1.940(4) Å im erwarteten Bereich (vgl. **3**: 1.9465 Å, **3a:** 1.960 Å, **4**: 1.963 Å, **5**: 1.949 Å) und sind im Vergleich zu [(dipp-Bian)Ga]$_2$ (1.8608 Å)[61] etwas verlängert. Mit 1.401(6) und 1.392(7) Å sind die N-C-Bindungen etwas länger als in den Verbindungen **3-5** (1.368(3)-1.384(3) Å), während die C1-C2-Bindung (**10**: 1.367(7) Å) kürzer ist (durchschnittlich 1.3805 Å in den Verbindungen **3-5**). Die Parameter der Diazadieneinheit bestätigen den dianionischen Charakter des Liganden. Der N1-Ga-N2-Bisswinkel ist mit 86.1(2)° um etwa 2° größer als die Bisswinkel in den Verbindungen **3-5** (**3**: 84.61(5)°, **4**: 84.00(9)°, **5**: 84.37(15)°). Die Kristallstruktur von Verbindung **10** bestätigt die Bildung des ersten, strukturell charakterisierten Komplexes, der eine Gallium-Lutetium-Bindung enthält. Diese ist mit 2.9005(8) Å kürzer als die Summe der Kovalenzradien beider Metalle (3.09 Å).[114] Der Gallium-Lutetium-Bindungsabstand ist kürzer als die Gallium-Thulium-Bindungslänge in [{Ga(ArNCH)$_2$}Tm(ArNCH)$_2$(tmeda)] (2.9742(16) Å)[55b, 57d] und die Gallium-Lanthan-Bindungslänge in [(dipp-Bian)Ga-La(C$_5$Me$_4$Et)$_2$(thf)] (3.0134(8) Å).[57a] Das Lutetiumatom ist verzerrt tetraedrisch von den beiden Cp-Ringen, dem Galliumatom und dem Sauerstoffatom des gebundenen THF-Moleküls umgeben.

Die Bindungsabstände zwischen den Ringmittelpunkten und dem Lutetiumatom betragen 2.3064(4) und 2.2918(3) Å und sind damit genauso groß wie im Edukt [(C_5H_5)$_2$LuCl(thf)] mit 2.30 und 2.28 Å.[115] Auch die Lutetium-Sauerstoff-Bindung ändert sich bei Verbindung **10** (2.275(4) Å) im Vergleich zum Edukt (2.27(1) Å) nicht. Der Winkel zwischen den beiden Ringmittelpunkten und Lutetium ist in Verbindung **10** (130.176(8)°) minimal größer als in [(C_5H_5)$_2$LuCl(thf)] (129°), während einer der beiden Ringmittelpunkt-Lu-O1-Winkel mit 111.452(8)° im Gegensatz zu 106° bzw. 107° in [(C_5H_5)$_2$LuCl(thf)] etwas vergrößert wird. Der Ga-Lu-O1-Winkel beträgt 91.235(7)°.

Zur weiteren Analytik wurde ein IR-Spektrum gemessen und eine Elementaranalyse durchgeführt, wobei die erhaltenen Werte die erfolgreiche Synthese bestätigen. Auf ein Massenspektrum wurde wie bei Verbindung **9** aus den bereits genannten Gründen verzichtet.

Im ^{1}H-NMR-Spektrum liegen die Signale im erwarteten Bereich. Es werden zwei Multipletts bei δ = 7.27-7.18 ppm und δ = 6.96-6.91 ppm für insgesamt zehn aromatische Protonen erhalten. Das Duplett bei δ = 6.10 ppm für zwei weitere aromatische Protonen wurde ebenfalls erwartet. Bei δ = 3.65 ppm erscheint ein Multiplett, das komplett durch ein THF-Signal überlagert wird. Bei δ = 1.24 ppm und δ = 1.08 ppm erscheinen zwei Dupletts für die Protonen der Isopropylgruppen. Für den Cp-Liganden erscheint ein Signal bei δ = 5.87 ppm. Die Integration dieses Signals deutet auf nur zwei Protonen hin. Wahrscheinlich kommt es auch bei Verbindung **10** zu einer Zersetzung, wobei alle Signale im erwarteten Bereich erscheinen. Jedoch kann aufgrund der geringen Unterschiede in der chemischen Verschiebung aller genannten Verbindungen, die eine {(dipp-Bian)Ga}$^-$-Einheit enthalten, keine exakte Aussage über den tatsächlichen Bindungszustand dieser Komplexe in Lösung getroffen werden.

Der Versuch, die substituierten Cp-Liganden durch andere, in der Arbeitsgruppe bekannte Liganden auszutauschen, schlug ebenfalls fehl. Die Reaktion von [(dipp-Bian)Ga-K(thf)$_5$] mit [(dipp$_2$pyr)MI(thf)$_3$] (M = Sm, Yb) führte zu den Komplexen **3** und **5** (Schema 38). Es wird davon ausgegangen, dass der Ligand in den Verbindungen [(dipp$_2$pyr)MI(thf)$_3$] (M = Sm, Yb) nur sehr schwach an das Metallzentrum bindet und es zu einer Ligandenaustauschreaktion kommt, bei der sowohl der (dipp$_2$pyr)-Ligand, als auch das Iodid durch eine {(dipp-Bian)Ga}$^-$-Einheit ersetzt wird.

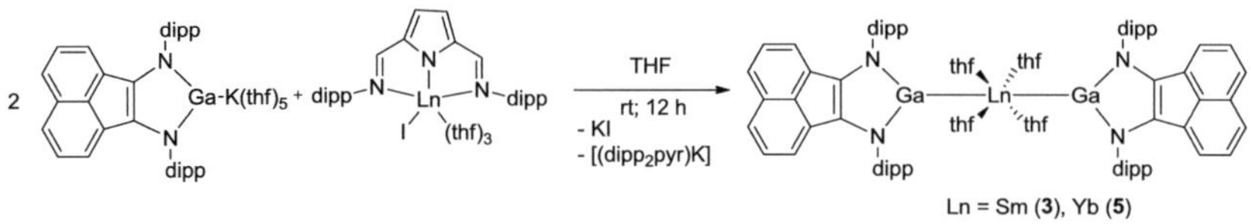

Schema 38: Versuchte Synthesen von [(dipp-Bian)Ga-K(thf)$_5$] mit [(dipp$_2$pyr)LnI(thf)$_3$] (Ln = Sm, Yb) führten zu den Verbindungen **3** und **5**.

3.2.4 Folgereaktionen von [{(dipp-Bian)Ga}$_2$Ln(thf)$_4$] (Ln = Sm (3), Eu (4), Yb (5))

Nach der erfolgreichen Synthese der Verbindungen **3**-**5** sollten diese auf ihre Eignung zur Aktivierung kleiner Moleküle wie N_2, CO_2 und CO getestet werden. Dazu wurde die entsprechende Verbindung in THF gelöst und einer Stickstoff-, Kohlenstoffdioxid- bzw. Kohlenstoffmonoxid-Atmosphäre ausgesetzt. Verbindung **3** wurde zuerst einer Stickstoffatmosphäre ausgesetzt, jedoch konnte keine Reaktion festgestellt werden und nur Kristalle von Verbindung **3** erhalten werden. Durch den Austausch der Stickstoff-Atmosphäre durch Kohlenstoffdioxid kam es zu einer Farbänderung von braun nach blau und es konnten Kristalle der Verbindung [(dipp-Bian)Ga]$_2$ erhalten werden. Weitere Reaktionsprodukte ließen sich nicht näher bestimmen. Auch als Verbindung **3** einer Kohlenstoffmonoxid-Atmosphäre ausgesetzt wurde, konnte wiederum eine Farbänderung von braun nach blau beobachtet werden und Kristalle der Verbindung [(dipp-Bian)Ga]$_2$ erhalten werden. Hier konnten ebenfalls keine weiteren Reaktionsprodukte charakterisiert werden.

Die Umsetzungen der dreiwertigen Lanthanoide mit [(dipp-Bian)Ga-K(thf)$_5$] führten zu keinem Ergebnis. Durch die Reaktion der Verbindungen **3**-**5** mit einem weiteren Äquivalent [(dipp-Bian)Ga-K(thf)$_5$] zu den entsprechenden dreifach durch {(dipp-Bian)Ga}$^-$ koordinierten Verbindungen sollte gezeigt werden, ob der sterische Anspruch der Diisopropylphenylgruppen zu groß ist, um eine dreifache Koordination ausbilden zu können. Zuerst wurde die Umsetzung von [(dipp-Bian)Ga-K(thf)$_5$] mit den Verbindungen **3**-**5** durchgeführt, jedoch konnte keine Reaktion festgestellt werden. Bei weiteren Umsetzungen der Verbindungen **3**-**5** mit [(dipp-Bian)Ga-K(thf)$_5$] wurde [2.2.2]Kryptand zugegeben, um Kalium zu komplexieren. Allerdings führten auch diese Reaktionen nicht zum gewünschten Produkt. Die Diisopropylphenylgruppen an den Stickstoffatomen sind wahrscheinlich sterisch zu anspruchsvoll, so dass keine drei {(dipp-Bian)Ga}$^-$-Fragmente an ein Lanthanoidatom koordinieren können.

Aufgrund der erfolgreichen Reduktion von Disulfiden mit [(dipp-Bian)Ga]$_2$ sollte das Potential der Verbindungen **3**-**5** ähnliche Reaktionen durchlaufen zu können, untersucht werden.[74] Zunächst wurde Verbindung **3** mit Diphenyldisulfid umgesetzt, jedoch konnte kein Produkt isoliert werden. Auch bei der Reaktion von **3** mit Diphenyldiazen konnte keine Reaktion beobachtet werden.

Die ebenso erfolgreiche Addition von Alkinen an [(dipp-Bian)Ga]$_2$[101b] sowie an [(dipp-Bian)Al]$_2$[116] führte zu der Überlegung, ob eine solche Addition an die Verbindungen **3**-**5** ebenfalls möglich sei. Zunächst sollte Verbindung **3** mit Phenylacetylen umgesetzt werden. Nach mehrtägigem Rühren konnte keine Reaktion beobachtet werden, bei Kristallisationsversuchen kam es schließlich zu einer Zersetzung, bei dem Kristalle des freien Liganden (dipp-Bian) isoliert werden konnten. Umsetzungen von **3** mit Diphenylacetylen führten nicht zum Erfolg, es konnten nur Kristalle der Verbindung **3** isoliert werden.

Die Umsetzung von Verbindung **3** mit Cyclooctatetraen (COT) war schließlich erfolgreich. Bei dieser Reaktion kam es nach Zugabe von Cyclooctatetraen zu einer sofortigen Farbänderung von braun nach blau und es konnten zur Röntgenstrukturanalyse geeignete Kristalle von Komplex **11** erhalten werden. Im Massenspektrum kann der Molekülpeak bei m/z = 759 (1%) detektiert werden. Nach dem Abtrennen der erhaltenen Kristalle konnten aus dem Filtrat blaue Kristalle erhalten werden, bei denen es sich um das Dimer [(dipp-Bian)Ga]$_2$ handelte.

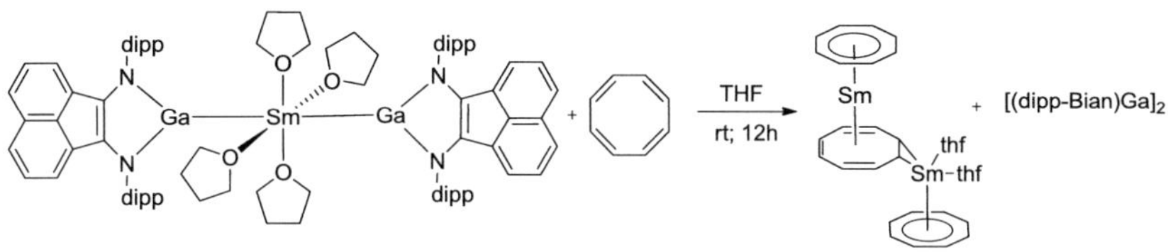

11

Schema 39: Darstellung von [$Sm_2(COT)_3(thf)_2$] (**11**).

Verbindung **11** kristallisiert in der monoklinen Raumgruppe $P2_1/c$ mit einem Molekül in der Elementarzelle. Ein Samariumatom wird annähernd linear von zwei Molekülen COT koordiniert, während das zweite Samariumatom verzerrt tetraedrisch von zwei THF-Molekülen, einem COT und zwei Kohlenstoffatomen eines weiteren COT-Liganden koordiniert wird. Der Winkel COT1(Ringmittelpunkt)-Sm2-COT2(Ringmittelpunkt) beträgt 172.77(4)°, der Bindungsabstand von Sm1 zum Ringmittelpunkt von COT1 ist mit 1.9363(7) Å kürzer als der entsprechende zum Ringmittelpunkt von COT2 (2.0482(8) Å), im Vergleich zum Bindungsabstand Sm2-COT3 (Ringmittelpunkt) mit 1.9022(7) Å jedoch etwas länger. Die beiden Samarium-Sauerstoff-Bindungen sind gleich lang (2.534(8) Å und 2.539(8) Å) und liegen im erwarteten Bereich für ein an Samarium gebundenes THF-Molekül (vgl. Verbindung **3**: Sm-O1 2.5444(12) Å und Sm-O2 2.5105(15) Å). Der Bindungsabstand Sm2-C16 liegt mit 2.680(12) Å im Bereich der restlichen Sm1-C1 bis Sm1-C8 Abstände (durchschnittlich 2.669 Å), während der Bindungsabstand Sm2-C15 mit 2.919 (14) Å etwas länger ist.

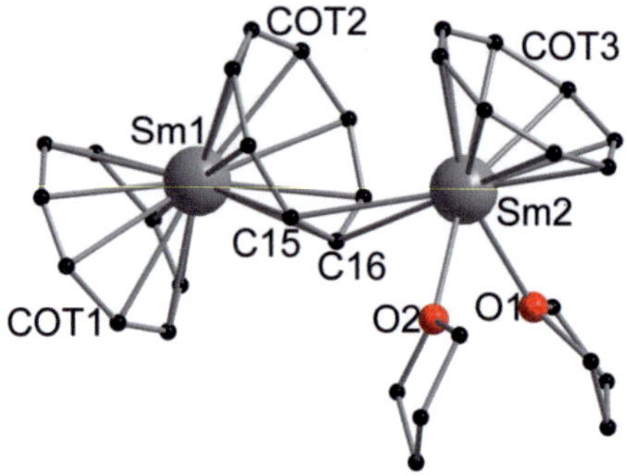

Abbildung 15: Struktur von Verbindung **11** im Festkörper ohne Darstellung der Wasserstoffatome. Ausgewählte Abstände [Å] und Winkel [°]: Sm1-COT1(Mittelpunkt) 1.9363(7), Sm1-COT2(Mittelpunkt) 2.0482(8), Sm2-COT3 1.9022(7), Sm2-C15 2.919(14), Sm2-C16 2.680(12), Sm2-O1 2.534(8), Sm2-O2 2.539(8); COT1-Sm1-COT2 172.77(4), COT3-Sm2-O1 119(2), COT3-Sm2-O2 126.2(2), O1-Sm2-O2 73.5(3).

Versuche, Verbindung **11** zu reproduzieren, gelangen nicht. Bei jeder Umsetzung kam es zwar zu der zuvor schon beobachteten Farbänderung, jedoch konnte kein Feststoff mehr erhalten werden.

Anschließend sollte untersucht werden, ob es sich bei der Reaktion von [{(dipp-Bian)Ga}$_2$Sm(thf)$_4$] mit Cyclooctatetraen um einen katalytischen Prozess handelt, bei dem [(dipp-Bian)Ga]$_2$ als Katalysator fungiert. Dazu wurde elementares Samarium mit Cyclooctatetraen und 5 mol% [(dipp-Bian)Ga]$_2$ umgesetzt, es konnte jedoch keine Reaktion beobachtet werden. Da bei der Reaktion zu [{(dipp-Bian)Ga}$_2$Sm(thf)$_4$] das elementare Samarium mit Quecksilber aktiviert werden musste, wurde ein zweiter Versuch unternommen, bei dem zuerst das Samariumamalgam dargestellt wurde. Dieses wurde wiederum mit Cyclooctatetraen und 5 mol% [(dipp-Bian)Ga]$_2$ umgesetzt. Hierbei kam es zu einer Farbänderung von blau nach braun und es konnten Kristalle der Zusammensetzung [{(dipp-Bian)Ga}$_2$Sm(thf)$_4$] (Verbindung **3**) erhalten werden. Verbindung **11** konnte in beiden Versuchen nicht wieder isoliert werden.

Bei der Umsetzung von Verbindung **4** [{(dipp-Bian)Ga}$_2$Eu(thf)$_4$] mit Cyclooctatetraen kam es ebenfalls zu einer Farbänderung der Reaktionslösung von braun nach blau und ein orange-brauner Feststoff fiel aus. Dieser konnte jedoch nicht näher untersucht werden, da er in allen gängigen Lösungsmitteln unlöslich war. Das aufgenommene EI-Massenspektrum zeigt jedoch einen Molekülpeak von [Eu$_2$(COT)$_3$] ohne koordinierende THF-Moleküle bei m/z = 617 (1%). Ein Ramanspektrum sollte ebenfalls aufgenommen werden, allerdings kam es zu einer Fluoreszenzerscheinung, weshalb keine Daten erhalten werden konnten.

Die Reaktion von Verbindung **5** [{(dipp-Bian)Ga}$_2$Yb(thf)$_4$] mit Cyclooctatetraen führte ebenfalls zu einer Farbänderung der Lösung von braun nach blau und ein lilafarbener Feststoff fiel aus. Dieser war ebenfalls in den gängigen Lösungsmitteln nicht löslich.

Um die Löslichkeit der Produkte aus den Umsetzungen mit Cyclooctatetraen zu erhöhen, sollte das COT-Derivat Bis(trimethylsilyl)-Cyclooctatetraen (COT(SiMe$_3$)$_2$) verwendet werden. Bei der Reaktion von Verbindung **3** mit COT(SiMe$_3$)$_2$ kam es zu der zuvor schon beobachteten Farbänderung nach blau, es konnten allerdings nur Kristalle des schon bekannten Dimers [(dipp-Bian)Ga]$_2$ erhalten werden.

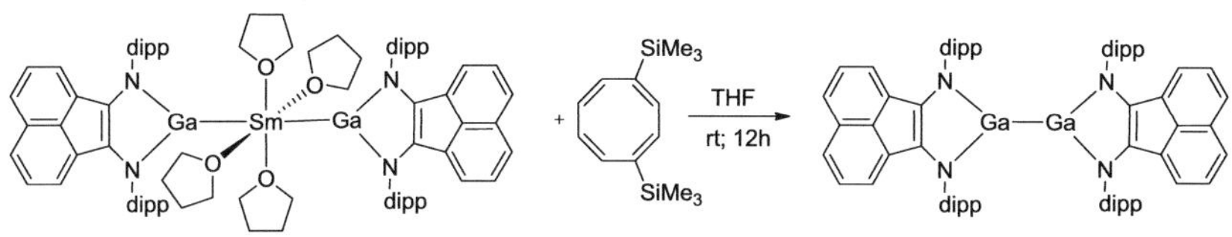

Schema 40: Umsetzung von [{(dipp-Bian)Ga}$_2$Sm(thf)$_4$] (**3**) mit COT(SiMe$_3$)$_2$.

4. Experimenteller Teil

4.1 Allgemeines zur Durchführung

Allgemeines

Die Handhabung sämtlicher luftempfindlicher Verbindungen wurde unter strengem Ausschluss von Luft und Feuchtigkeit durchgeführt. Dazu wurden ausgeheizte Schlenkgefäße an Hochvakuumapparaturen mit einem Endvakuum von ca. $1 \cdot 10^{-3}$ mbar und Gloveboxen der Firma *MBraun* verwendet. Vorrats- und Reaktionsgefäße wurden über Schlauchverbindungen oder direkt über Schliffverbindungen an die Apparaturen angeschlossen, wiederholt auf Maximalvakuum evakuiert und anschließend mit Argon geflutet.

Lösungsmittel

Kohlenwasserstoffe (*n*-Pentan, Toluol) wurden über eine Lösungsmitteltrocknungsanlage (SPS-800) der Firma *MBraun* getrocknet. Etherische Lösungsmittel (Et_2O, THF) wurden aus einer SPS-Anlage entnommen und nochmals über Kalium/Benzophenon unter einer Stickstoffatmosphäre destilliert. Sämtliche Lösungsmittel wurde in wiederverschließbaren Glasgefäßen unter Stickstoffatmosphäre aufbewahrt. Lösungsmittel in einer Kondensationsapparatur wurden zusätzlich über $LiAlH_4$ unter vermindertem Druck aufbewahrt und bei -78 °C direkt auf den Reaktionsansatz kondensiert. Deuterierte Lösungsmittel (C_6D_6, d_8-THF) wurden entgast und über Na/K-Legierung gelagert.

Spektroskopie / Spektrometrie

Die Aufnahme von NMR-Spektren erfolgte auf Avance II 400 bzw. Avance II 300 FT-NMR-Spektrometern der Firma *Bruker*. Die chemischen Verschiebungen in ppm sind auf Tetramethylsilan (^{1}H, ^{13}C) referenziert. IR-Spektren wurden an einem Tensor 37-Spektrometer der Firma *Bruker*, Ramanspektren an einem MultiRAM-Spektrometer der Firma *Bruker* aufgenommen. Massenspektren wurden auf einem MAT 8200 der Firma *Finnigan* und einem DFS der Firma *Thermo Scientific* gemessen. Elementaranalysen wurden mit einem Vario EL bzw. MicroCube der Firma *Elementar Analysensysteme GmbH* durchgeführt.

4.2 Synthesevorschriften und Analytik

4.2.1 Darstellung bekannter Ausgangsverbindungen

Die folgenden Verbindungen wurden nach literaturbekannten Vorschriften dargestellt:

$[(\eta^5\text{-}C_5Me_5)K]$[117]

$LnI_2(thf)_2$ (Ln = Sm, Eu, Yb, Tm)[118]

$[(\eta^5\text{-}C_5Me_5)_2Ln(thf)_2]$ (Ln = Sm, Eu, Yb)[119]

$[Fe_2(\mu\text{-}S_2)(CO)_6]$[26]

dipp-Bian[63f]

$[(\text{dipp-Bian})Ga]_2$[61]

$[(\text{dipp-Bian})Ga\text{-}K(thf)_5]$[61]

$LnCl_3$ (Ln = La, Nd, Tb, Dy, Y, Er, Lu)[120]

LnI_3 (Ln = La, Nd, Tm, Y)[120]

$[(\eta^5\text{-}C_5H_5)_2LuCl(thf)]$[115]

4.2.2 Darstellung der Eisen-Schwefel-Cluster[87]

4.2.2.1 Allgemeine Synthesevorschrift

0.10 mmol $[(\eta^5\text{-}C_5Me_5)_2Ln(thf)_2]$ und 52 mg (0.15 mmol) $[Fe_2(\mu\text{-}S_2)(CO)_6]$ werden in zwei unterschiedliche Teile eines Doppelschlenks eingewogen und 10 mL Toluol in beide Teile einkondensiert. Die Lösungen werden auf -35 °C gekühlt und gemischt. Die Reaktionslösung verbleibt bei dieser Temperatur für mehrere Tage. Anschließend wird die Reaktionslösung innerhalb von 24 Stunden auf Raumtemperatur gebracht. Der entstandene Niederschlag wird durch Dekantieren der überstehenden Lösung abgetrennt.

*4.2.2.2 $[Fe_6Sm_2(\mu_3\text{-}S)_6(\mu,\eta^2\text{-}CO)_4(CO)_8(\eta^5\text{-}C_5Me_5)_4]$ (**1**)*

$[(\eta^5\text{-}C_5Me_5)_2Sm(thf)_2]$ 57 mg (0.10 mmol). – Ausbeute: 6 mg (3.5 µmol), 4% schwarze Kristalle durch langsames Entfernen des Lösungsmittels. – IR (KBr): $\tilde{\nu}$ = 2962 (w), 2917 (m), 2852 (w), 2054 (vs), 2014 (vs), 2004 (vs), 1897 (vs), 1444 (w), 1389 (w), 1378 (w), 1019 (w), 602 (m) cm^{-1}. - $C_{52}H_{60}Fe_6O_{12}S_6Sm_2\cdot C_7H_8$ (1797.30): berechnet C, 39.43; H, 3.81; S, 10.70; gefunden C, 39.60; H, 3.57; S, 11.94.

4.2.2.3 *[$Fe_6Yb_2(\mu_3\text{-}S)_6(\mu, \eta^2\text{-}CO)_4(CO)_8(\eta^5\text{-}C_5Me_5)_4$] (**2**)*

[$(\eta^5\text{-}C_5Me_5)_2Yb(THF)_2$] 58 mg (0.10 mmol). – Ausbeute: 6 mg (3.2 µmol), 3% schwarze Kristalle durch langsames Entfernen des Lösungsmittels. – IR (KBr): $\tilde{\nu}$ = 2965 (w), 2910 (w), 2856 (w), 2055 (vs), 2015 (vs), 2004 (vs), 1887 (vs), 1446 (w), 1379 (w), 1022 (w), 601 (m) cm^{-1}. - $C_{52}H_{60}Fe_6O_{12}S_6Yb_2 \cdot C_4H_8O$ (1810.63): berechnet C, 36.90; H, 3.76; S, 10.56; gefunden C, 36.87; H, 3.51; S, 9.96.

4.2.3 Darstellung der {(dipp-Bian)Ga}-Komplexe

4.2.3.1 *[{(dipp-Bian)Ga}$_2$Sm(thf)$_4$] (**3**)*[94]

Route A: 0.5 g (3.30 mmol) frisch gefeiltes Samarium wird mit einem Tropfen Quecksilber zum Amalgam aktiviert. Anschließend werden 0.5 g (0.40 mmol) [(dipp-Bian)Ga]$_2$ zugegeben und 30 mL THF aufkondensiert. Die Reaktionsmischung wurde bei 60 °C für acht Stunden im Ultraschallbad erhitzt, auf Raumtemperatur abgekühlt und filtriert. Durch Einengen des Filtrats auf ca. 10 mL und anschließende Kühlung bei -15 °C über Nacht konnten dunkelbraune Kristalle von [{(dipp-Bian)Ga}$_2$Sm(thf)$_4$] erhalten werden. – Ausbeute: 515 mg (0.33 mmol), 81%.

Route B: Zu einer Mischung aus 194 mg (0.20 mmol) [(dipp-Bian)Ga-K(thf)$_5$] und 57 mg (0.10 mmol) $SmI_2(thf)_2$ werden bei -78 °C ca. 20 mL THF aufkondensiert und die Lösung über Nacht bei Raumtemperatur gerührt. Das Lösungsmittel wird unter Vakuum entfernt, der Rückstand in 7 mL Toluol wieder gelöst und entstandenes KI abfiltriert. Durch langsames Entfernen des Lösungsmittels konnte [{(dipp-Bian)Ga}$_2$Sm(thf)$_4$] in Form von dunkelbraunen Kristallen erhalten werden. – Ausbeute: 151 mg (0.09 mmol), 96%.

Route C: Zu einer Mischung aus 291 mg (0.30 mmol) [(dipp-Bian)Ga-K(thf)$_5$] und 53 mg (0.10 mmol) $SmI_3(thf)_2$ werden bei -78 °C ca. 20 mL THF aufkondensiert und die Lösung über Nacht bei Raumtemperatur gerührt. Das Lösungsmittel wird unter Vakuum entfernt und der Rückstand in 7 mL Toluol wieder gelöst. Entstandenes KI wurde abfiltriert. Durch langsames Entfernen des Lösungsmittels konnte [{(dipp-Bian)Ga}$_2$Sm(thf)$_4$] in Form von dunkelbraunen Kristallen erhalten werden. – Ausbeute: 146 mg (0.09 mmol), 92% (ausgehend von Samarium).

IR (ATR): $\tilde{\nu}$ = 3364 (vw), 3063 (vw), 2962 (vs), 2929 (s), 2868 (s), 2362 (vw), 2313 (vw), 2251 (vw), 2226 (vw), 2159 (w), 2102 (w), 2089 (vw), 2054 (vw), 2023 (vw), 1985 (vw), 1955 (vw), 1921 (vw), 1669 (w), 1643 (w), 1589 (w), 1575 (w), 1540 (vw), 1455 (s), 1382 (m), 1361 (w), 1328 (w), 1253 (w), 1193 (vw), 1116 (vw), 1059 (w), 924 (vw), 835 (vw), 816 (vw), 786 (w), 752 (m), 532 (m), 515 (m), 463 (m), 410 (m), 377 (m), 327 (m) cm^{-1}. - $[(C_{72}H_{80}N_4Ga_2Sm)(thf)_4]$ (1579.61): berechnet C, 66.91; H, 7.15; N, 3.55; gefunden C, 65.87; H, 7.18; N, 3.14.

4.2.3.2 [{(dipp-Bian)Ga}$_2$Eu(thf)$_4$] (**4**)[94]

Route A: 0.5 g (3.30 mmol) frisch gefeiltes Europium wird mit einem Tropfen Quecksilber zum Amalgam aktiviert. Anschließend werden 0.5 g (0.40 mmol) $[(dipp\text{-}Bian)Ga]_2$ zugegeben und 30 mL THF aufkondensiert. Die Reaktionsmischung wurde bei Raumtemperatur für 24 Stunden gerührt, filtriert und auf ca. 10 mL eingeengt. Dunkelbraune Kristalle von $[\{(dipp\text{-}Bian)Ga\}_2Eu(thf)_4]$ konnten bei -15 °C über Nacht erhalten werden. – Ausbeute: 540 mg (0.34 mmol), 84%.

Route B: Zu einer Mischung aus 194 mg (0.20 mmol) $[(dipp\text{-}Bian)Ga\text{-}K(thf)_5]$ und 55 mg (0.10 mmol) $EuI_2(thf)_2$ werden bei -78 °C ca. 20 mL THF aufkondensiert und die Lösung über Nacht bei Raumtemperatur gerührt. Das Lösungsmittel wird unter Vakuum entfernt und der Rückstand in 7 mL Toluol wieder gelöst. Entstandenes KI wurde abfiltriert. Durch langsames Abkondensieren des Lösungsmittels konnte $[\{(dipp\text{-}Bian)Ga\}_2Eu(thf)_4]$ in Form von dunkelbraunen Kristallen erhalten werden. – Ausbeute: 138 mg (0.09 mmol), 87%.

IR (ATR): $\tilde{\nu}$ = 3359 (vw), 3064 (vw), 2963 (vs), 2869 (m), 2398 (vw), 2281 (vw), 2248 (vw), 2098 (vw), 2071 (vw), 2034 (vw), 2008 (vw), 1977 (vw), 1930 (vw), 1669 (vw), 1590 (w), 1575 (w), 1455 (m), 1383 (w), 1361 (w), 1329 (w), 1254 (vw), 1193 (vw), 1105 (vw), 1059 (vw), 925 (vw), 835 (vw), 816 (vw), 786 (vw), 767 (vw), 752 (w), 705 (w), 623 (w), 577 (w), 533 (w), 463 (w), 381 (w), 327 (w) cm^{-1}. - Raman: $\tilde{\nu}$ = 74 (w), 256 (w), 414 (w), 521 (w), 549 (w), 588 (w), 620 (w), 804 (w), 877 (w), 892 (w), 930 (w), 1179 (w), 1353 (w), 1374 (m), 1417 (w), 1437 (s), 1472 (w), 1505 (vs), 1592 (w), 1606 (w) cm^{-1}. - $[(C_{72}H_{80}N_4Ga_2Eu)(thf)_4]$ (1817.56): berechnet C, 66.84; H, 7.14; N, 3.54; gefunden C, 66.41; H, 7.14; N, 3.20.

4.2.3.3 *[{(dipp-Bian)Ga}$_2$Yb(thf)$_4$]* ***(5)***[94]

Route A: 0.5 g (2.90 mmol) frisch gefeiltes Ytterbium wird mit einem Tropfen Quecksilber zum Amalgam aktiviert. Anschließend werden 0.5 g (0.40 mmol) [(dipp-Bian)Ga]$_2$ zugegeben und 30 mL THF aufkondensiert. Die Reaktionsmischung wurde bei Raumtemperatur für 24 Stunden gerührt, filtriert und auf ca. 10 mL eingeengt. Dunkelbraune Kristalle von [{(dipp-Bian)Ga}$_2$Yb(thf)$_4$] konnten bei -15 °C über Nacht erhalten werden. – Ausbeute: 500 mg (0.31 mmol), 76%.

Route B: Zu einer Mischung aus 194 mg (0.20 mmol) [(dipp-Bian)Ga-K(thf)$_5$] und 57 mg (0.10 mmol) YbI$_2$(thf)$_2$ werden bei -78 °C ca. 20 mL THF aufkondensiert und die Lösung über Nacht bei Raumtemperatur gerührt. Das Lösungsmittel wird unter Vakuum entfernt und der Rückstand in 7 mL Toluol wieder gelöst. Entstandenes KI wurde abfiltriert. Durch langsames Entfernen des Lösungsmittels konnte [{(dipp-Bian)Ga}$_2$Yb(thf)$_4$] in Form von dunkelbraunen Kristallen erhalten werden. – Ausbeute: 127 mg (0.08 mmol), 79%.

^{1}H-NMR (300 MHz, d_8-THF, 25 °C): δ = 7.24 – 7.19 (m, 2H, arom. H), 7.15 – 7.05 (m, 10H, arom. H), 7.04 – 6.94 (m, 5H, arom. H), 6.69 – 6.63 (m, 4H, arom. H), 6.58 – 6.53 (m, 4H, arom. H), 5.62 (d, ^3J = 6.3 Hz, 4H, arom. H), 3.86 (dq (erscheint als pseudo-Septett), ^3J = 6.9 Hz, 8H, C*H*(CH$_3$)$_2$), 2.33 (s, 3H, C$_6$H$_5$C*H*$_3$), 1.24 (d, ^3J = 6.9 Hz, 24H, CH(C*H*$_3$)$_2$), 1.08 (d, ^3J = 6.9 Hz, 24H, CH(C*H*$_3$)$_2$) ppm. ^{13}C{^{1}H}-NMR (300 MHz, d_8-THF, 25 °C): δ = 147.3 (arom. *C*), 144.9 (arom. *C*), 136.5 (arom. *C*), 130.8 (arom. *C*), 126.2 (arom. *C*H), 123.2 (arom. *C*H), 122.6 (arom. *C*H), 122.4 (arom. *C*H), 121.8 (arom. *C*H), 120.5 (arom. *C*H), 114.6 (arom. *C*H), 67.2 (*C*$_4$H$_8$O), 27.8 (*C*H(CH$_3$)$_2$), 25.4 (*C*$_4$H$_8$O), 25.2 (CH(*C*H$_3$)$_2$), 23.4 (CH(*C*H$_3$)$_2$) ppm. (Im ^{1}H-NMR-Spektrum können auch Signale eines Zersetzungsprodukts beobachtet werden). - IR (ATR): $\tilde{\nu}$ = 3352 (vw), 3061 (vw), 2959 (m), 2867 (w), 1921 (vw), 1667 (vw), 1641 (vw), 1589 (w), 1539 (vw), 1453 (m), 1437 (m), 1382 (w), 1361 (w), 1326 (w), 1253 (w), 1193 (w), 1146 (vw), 1106 (w), 1058 (m), 1043 (w), 961 (vw), 924 (m), 833 (w), 816 (m), 795 (m), 781 (s), 754 (vs), 705 (w), 533 (vs) cm^{-1}. - [(C$_{72}$H$_{80}$N$_4$Ga$_2$Yb)(thf)$_4$] (1602.30): berechnet C, 65.96; H, 7.05; N, 3.50; gefunden C, 65.16; H, 6.89; N, 3.53.

4.2.3.4 *[{(dipp-Bian)Ga-Ga(dipp-Bian)}(C$_4$H$_8$O)TmI(thf)$_5$]* ***(6)***[94]

Route A: Zu einer Mischung aus 194 mg (0.20 mmol) [(dipp-Bian)Ga-K(thf)$_5$] und 78 mg (0.10 mmol) TmI$_2$(thf)$_5$ werden bei -78 °C ca. 20 mL THF aufkondensiert und die Lösung über Nacht bei Raumtemperatur gerührt. Das Lösungsmittel wird unter Vakuum entfernt und der Rückstand in 7 mL Toluol wieder gelöst. Entstandenes KI wurde abfiltriert. Durch langsames Abkondensieren des Lösungsmittels konnte [{(dipp-Bian)Ga-Ga(dipp-Bian)}(C_4H_8O)TmI(thf)$_5$] in Form von dunklen Kristallen erhalten werden. – Ausbeute: 161 mg (0.08 mmol), 86%.

Route B: Zu einer Mischung aus 114 mg (0.10 mmol) [(dipp-Bian)Ga]$_2$ und 157 mg (0.20 mmol) TmI$_2$(thf)$_5$ werden bei -78 °C ca. 20 mL THF aufkondensiert und die Lösung für 16 Stunden bei 60 °C erhitzt. Entstandenes TmI$_3$ wurde abfiltriert. Durch langsames Entfernen des Lösungsmittels konnte [{(dipp-Bian)Ga-Ga(dipp-Bian)}(C_4H_8O)TmI(thf)$_5$] in Form von dunklen Kristallen erhalten werden. – Ausbeute: 165 mg (0.08 mmol), 88%.

IR (ATR): $\tilde{\nu}$ = 3061 (w), 2958 (m), 2927 (w), 2866 (w), 1653 (w), 1637 (w), 1588 (w), 1571 (m), 1541 (w), 1456 (m), 1483 (m), 1382 (m), 1361 (m), 1327 (m), 1254 (m), 1193 (w), 1160 (w), 1145 (w), 1103 (w), 1058 (w), 1042 (m), 924 (m), 832 (m), 816 (m), 795 (m), 780 (m), 767 (s), 754 (vs), 684 (m), 668 (s), 532 (vs) cm^{-1}. – Auf die Auswertung der Elementaranalyse muss aufgrund der zu niedrigen Kohlenstoffwerte verzichtet werden.

4.2.3.5 [{(dipp-Bian)Ga}$_2$Ca(thf)$_4$] **(7)**

Zu einer Mischung aus 194 mg (0.2 mmol) [(dipp-Bian)Ga-K(thf)$_5$] und 29 mg (0.1 mmol) CaI$_2$ werden bei -78 °C ca. 20 mL THF aufkondensiert und die Lösung über Nacht bei Raumtemperatur gerührt. Entstandenes KI wurde abfiltriert. Durch langsames Entfernen des Lösungsmittels konnte [{(dipp-Bian)Ga}$_2$Ca(thf)$_4$] in Form von dunklen Kristallen erhalten werden. – Ausbeute: 140 mg (0.09 mmol), 91%.

^{1}H-NMR (300 MHz, d_8-THF, 25 °C): δ = 7.17 – 7.10 (m, 8H, arom. H), 7.08 – 6.99 (m, 4H, arom. H), 6.72 – 6.64 (m, 4H, arom. H), 6.62 – 6.54 (m, 4H, arom. H), 5.64 (d, ^3J = 6.6 Hz, 4H, arom. H), 3.86 (dq (erscheint als pseudo-Septett), ^3J = 6.9 Hz, 8H, C*H*(CH$_3$)$_2$), 1.25 (d, ^3J = 6.9 Hz, 24H, CH(C*H*$_3$)$_2$), 1.08 (d, ^3J = 6.9 Hz, 24H, CH(C*H*$_3$)$_2$) ppm. ^{13}C{^{1}H}-NMR (300 MHz, d$_8$-THF, 25 °C): δ = 147.7 (arom. *C*), 144.9 (arom. *C*), 136.6 (arom. *C*), 135.9 (arom. *C*), 130.8 (arom. *C*), 126.2 (arom. *C*H), 122.5 (arom. *C*H), 121.8 (arom. *C*H), 120.5 (arom. *C*H), 114.5 (arom. *C*H), 67.2 (*C*$_4$H$_8$O), 27.8 (*C*H(CH$_3$)$_2$), 25.4 (*C*$_4$H$_8$O), 25.2 (CH(*C*H$_3$)$_2$), 23.4 (CH(*C*H$_3$)$_2$) ppm. (Im ^{1}H-NMR-Spektrum können auch Signale eines Zersetzungsprodukts beobachtet werden). - IR (ATR): $\tilde{\nu}$ = 3354 (vw), 3061 (vw), 2960 (m), 2867 (w), 1917 (vw), 1734 (vw), 1717 (vw), 1668 (w), 1653 (w), 1590 (w), 1539 (vw), 1507 (vw), 1457 (w), 1433 (m), 1382 (w), 1361 (w), 1326 (w), 1274 (w), 1252 (w), 1222 (w), 1192 (w), 1160 (w), 1105 (w), 1059 (w), 1042 (w), 924 (m), 834 (w), 816 (w), 784 (m), 767 (m), 752 (s), 705 (w), 668 (w), 532 (vs) cm^{-1}. (Die analytischen Ergebnisse stimmen mit denen von *Fedushkin et al.* überein.)[61]

4.2.3.6 *[{(dipp-Bian)Ga}$_2$Sr(thf)$_4$]* (**8**)

Zu einer Mischung aus 194 mg (0.2 mmol) [(dipp-Bian)Ga-K(thf)$_5$] und 34 mg (0.1 mmol) SrI_2 werden bei -78 °C ca. 20 mL THF aufkondensiert und die Lösung über Nacht bei Raumtemperatur gerührt. Das Lösungsmittel wird unter Vakuum entfernt und der Rückstand in 7 mL Toluol wieder gelöst. Entstandenes KI wurde abfiltriert. Durch langsames Entfernen des Lösungsmittels konnte [{(dipp-Bian)Ga}$_2$Sr(thf)$_4$] in Form von dunklen Kristallen erhalten werden. – Ausbeute: 63 mg (0.04 mmol), 42%.

^{1}H-NMR (300 MHz, d_8-THF, 25 °C): δ = 7.19 – 7.11 (m, 12H, arom. H), 6.83 – 6.81 (m, 4H, arom. H), 6.69 – 6.64 (m, 4H, arom. H), 5.71 (d, ^3J = 6.3 Hz, 4H, arom. H), 3.73 (dq (erscheint als pseudo-Septett), ^3J = 6.9 Hz, 8H, C*H*(CH_3)$_2$), 1.20 (d, ^3J = 6.9 Hz, 24H, CH(C*H*$_3$)$_2$), 1.04 (d, ^3J = 6.9 Hz, 24H, CH(C*H*$_3$)$_2$) ppm. ^{13}C{^{1}H}-NMR (300 MHz, d_8-THF, 25 °C): δ = 146.8 (arom. *C*), 144.9 (arom. *C*), 135.6 (arom. *C*), 135.4 (arom. *C*), 130.1 (arom. *C*), 126.8 (arom. *C*H), 126.2 (arom. *C*H), 123.7 (arom. *C*H), 122.2 (arom. *C*H), 121.4 (arom. *C*H), 115.3 (arom. *C*H), 67.2 (*C*$_4$H$_8$O), 27.9 (*C*H(CH_3)$_2$), 25.4 (*C*$_4$H$_8$O), 24.9 (CH(*C*H$_3$)$_2$), 23.3 (CH(*C*H$_3$)$_2$) ppm. (Im ^{1}H-NMR-Spektrum können auch Signale eines Zersetzungsprodukts beobachtet werden). - IR (ATR): $\tilde{\nu}$ = 3365 (vw), 3062 (vw), 2959 (w), 2866 (w), 1916 (vw), 1669 (w), 1653 (w), 1589 (w), 1576 (w), 1540 (vw), 1506 (vw), 1455 (w), 1437 (w), 1382 (w), 1361 (w), 1326 (w), 1253 (w), 1192 (w), 1180 (w), 1160 (vw), 1145 (vw), 1105 (w), 1058 (w), 1042 (w), 924 (w), 862 (w), 834 (w), 816 (w), 786 (m), 766 (m), 752 (m), 730 (w), 695 (w), 668 (w), 532 (m), 511 (m) cm^{-1}. (Die analytischen Ergebnisse stimmen mit denen von *Fedushkin et al.* überein.)[61]

4.2.3.7 *[(dipp-Bian)Ga(μ-O)K(thf)$_3$]$_2$* (**9**)

Zu einer Mischung aus 291 mg (0.3 mmol) [(dipp-Bian)Ga-K(thf)$_5$] und 25 mg (0.1 mmol) $LaCl_3$ werden bei -78 °C ca. 20 mL THF aufkondensiert und die Lösung über Nacht bei Raumtemperatur gerührt. Entstandenes KI wurde abfiltriert und die Lösung auf ca. die Hälfte eingeengt. Nach ca. zwei Wochen konnten dunkle Kristalle von [(dipp-Bian)Ga(μ-O)K(thf)$_3$]$_2$ isoliert werden. – Ausbeute: 185 mg (0.11 mmol), 73%.

IR (ATR): $\tilde{\nu}$ = 3061 (vw), 2959 (w), 2868 (w), 1654 (w), 1590 (w), 1541 (w), 1506 (vw), 1459 (m), 1430 (m), 1382 (w), 1361 (w), 1326 (w), 1274 (w), 1252 (w), 1188 (w), 1160 (vw), 1104 (w), 1060 (w), 1043 (w), 924 (w), 832 (w), 780 (m), 754 (s), 706 (w), 668 (m), 622 (w), 603 (m), 566 (w), 530 (m) cm^{-1}. - [($C_{72}H_{80}N_4Ga_2O_2K_2$)] (1251.07): berechnet C, 69.12; H, 6.45; N, 4.48; gefunden C, 70.10; H, 7.43; N, 4.13.

4.2.3.8 [(dipp-Bian)Ga-Lu(C_5H_5)$_2$(thf)] ***(10)***

Zu einer Mischung aus 194 mg (0.2 mmol) [(dipp-Bian)Ga-K(thf)$_5$] und 82 mg (0.2 mmol) [(η^5-C_5H_5)$_2$LuCl(thf)] werden bei -78 °C ca. 20 mL THF aufkondensiert und die Lösung über Nacht bei Raumtemperatur gerührt. Das Lösungsmittel wird unter Vakuum entfernt und der Rückstand in 10 mL Toluol wieder gelöst. Entstandenes KCl wurde abfiltriert und das Lösungsmittel entfernt. Der Rückstand wurde in ca. 10 mL THF wieder aufgenommen. Durch langsames Entfernen konnte [(dipp-Bian)Ga-Lu(C_5H_5)$_2$(thf)] in Form von dunklen Kristallen erhalten werden. – Ausbeute: 152 mg (0.15 mmol), 75%.

^{1}H-NMR (300 MHz, d_8-THF, 25 °C): δ = 7.23 – 7.21 (m, 8H, arom. H), 6.96 – 6.91 (m, 2H, arom. H), 6.10 (d, ^3J = 6.9 Hz, 2H, arom. H), 5.86 (s, 2H, C_5H_5), 3.65 (m, 4H, C*H*(CH_3)$_2$), 1.24 (d, ^3J = 6.6 Hz, 12H, CH(C*H*$_3$)$_2$), 1.08 (d, ^3J = 6.9 Hz, 12H, CH(C*H*$_3$)$_2$) ppm. ^{13}C{^{1}H}-NMR (300 MHz, d_8-THF, 25 °C): δ = 22.8 (CH(*C*H$_3$)$_2$), 24.3 (*C*$_4$H$_8$O), 25.4 (CH(*C*H$_3$)$_2$), 27.9 (*C*H(CH$_3$)$_2$), 66.4 (*C*$_4$H$_8$O), 119.0 (arom. *C*H), 123.2 (arom. *C*H), 124.0 (arom. *C*H), 125.2 (arom. *C*H), 125.5 (arom. *C*H), 126.1 (arom. *C*H), 126.5 (arom. *C*), 126.9 (arom. *C*), 136.2 (arom. *C*), 138.5 (arom. *C*), 146.3 (arom. *C*) ppm. (Die Integration der Signale im ^{1}H-NMR-Spektrum deuten auf ein Zersetzungsprodukt hin). - IR (ATR): $\tilde{\nu}$ = 3060 (vw), 2960 (w), 2867 (vw), 1665 (vw), 1612 (vw), 1590 (vw), 1543 (vw), 1513 (vw), 1461 (m), 1434 (m), 1382 (w), 1360 (w), 1323 (w), 1253 (w), 1187 (vw), 1145 (vw), 1106 (vw), 1056 (w), 1012 (vw), 924 (w), 892 (w), 832 (vw), 780 (s), 761 (vs), 667 (w), 620 (w), 547 (w), 516 (w) cm^{-1}. - [$C_{50}H_{58}GaLuN_2O$]·1.5(C_7H_8) (1085.91): berechnet C, 66.92; H, 6.50; N, 2.58; gefunden C, 67.26; H, 6.85; N, 3.37.

*4.2.3.9 [$Sm_2(COT)_3(thf)_2$] (**11**)*

158 mg (0.10 mmol) [{(dipp-Bian)Ga}$_2$Sm(thf)$_4$] wurden in ca. 10 mL THF gelöst. Anschließend wurden 11.2 μL einer 4.45 mmolaren COT-Lösung in THF zugegeben und die Reaktionsmischung über Nacht gerührt. Nach ca. drei Tagen konnten nadelförmige Kristalle der Zusammensetzung [$Sm_2COT_3(thf)_2$] erhalten werden. – Ausbeute: 5 mg (6 μmol), 13%.

MS (EI, 70 eV): m/z (%) = 759 ([M], 1), 745 ([M-CH]$^+$, 1), 733 ([M-(CH_2)$_2$]$^+$, 1),719 ([M-(CH_2)$_3$]$^+$, 1), 705 ([M-(CH_2)$_4$]$^+$, 2), 692 ([M-(thf)]$^+$, 2), 678 ([M-(thf)-CH]$^+$, 4), 664 ([M-(thf)-(CH_2)$_2$]$^+$, 6), 650 ([M-(thf)-(CH_2)$_3$]$^+$, 6), 636 (6), 622 (5), 618 ([M-(thf)$_2$]$^+$, 4), 605 ([M-(thf)$_2$-CH]$^+$, 19), 593 ([M-(thf)$_2$-(CH)$_2$]$^+$, 11), 579 ([M-(thf)$_2$-(CH)$_3$]$^+$, 32), 567 ([M-(thf)$_2$-(CH)$_4$]$^+$, 20), 549 ([M-(thf)$_2$-(CH)$_5$]$^+$, 98), 535 ([M-(thf)$_2$-(CH)$_6$]$^+$, 53), 521 ([M-(thf)$_2$-(CH)$_7$]$^+$, 52), 509 ([M-(thf)$_2$-(C_8H_8)]$^+$, 53), 495 ([M-(thf)$_2$-(C_8H_8)-CH]$^+$, 37), 480 ([M-(thf)$_2$-(C_8H_8)-(CH)$_2$]$^+$, 19), 466 ([M-(thf)$_2$-(C_8H_8)-(CH)$_4$]$^+$, 16), 451 ([M-(thf)$_2$-(C_8H_8)-(CH)$_5$]$^+$, 16), 437 ([M-(thf)$_2$-(C_8H_8)-(CH)$_6$]$^+$, 14), 423 ([M-(thf)$_2$-(C_8H_8)-(CH)$_7$]$^+$, 23), 409 ([M-(thf)$_2$-(C_8H_8)$_2$]$^+$, 18), 393 ([M-(thf)$_2$-(C_8H_8)$_2$-(CH)]$^+$, 24), 381 ([M-(thf)$_2$-(C_8H_8)$_2$-(CH)$_2$]$^+$, 22), 367 ([Sm(C_8H_8)$_2$]$^+$, 59), 353 ([Sm(C_8H_8)(CH)$_7$]$^+$, 42), 339 ([Sm(C_8H_8)(CH)$_6$]$^+$, 53), 325 ([Sm(C_8H_8)(CH)$_5$]$^+$, 18), 311 ([Sm(C_8H_8)(CH)$_4$]$^+$, 48), 299 ([Sm(C_8H_8)(CH)$_3$]$^+$, 64), 285 ([Sm(C_8H_8)(CH)$_2$]$^+$, 68), 264 ([Sm(C_8H_8)]$^+$, 99), 250 ([Sm(CH)$_7$]$^+$, 41), 237 ([Sm(CH)$_6$]$^+$, 92), 222 ([Sm(CH)$_5$]$^+$, 34), 211 ([Sm(CH)$_4$]$^+$, 49), 194 ([Sm(CH)$_3$]$^+$, 23), 180 ([Sm(CH)$_2$]$^+$, 16), 166 ([Sm(CH)]$^+$, 21), 152 ([Sm]$^+$, 43), 135 (46), 129 (43), 123 (59), 109 (100), 96 ([(CH)$_7$]$^+$, 85), 93 (43), 82 ([(CH)$_6$]$^+$, 100), 70 ([(CH)$_5$]$^+$, 80), 56 ([(CH)$_4$]$^+$, 84), 42 ([(CH)$_3$]$^+$, 40), 29 ([(CH)$_2$]$^+$, 64).

4.2.3.10 [$Eu_2(COT)_3(thf)_2$]

158 mg (0.1 mmol) [{(dipp-Bian)Ga}$_2$Eu(thf)$_4$] wurden in ca. 10 mL THF gelöst. Anschließend wurden 11.2 μL einer 4.45 mmolaren COT-Lösung in THF zugegeben und die Reaktionsmischung über Nacht gerührt. Der orange-braune Feststoff wurde abfiltriert und getrocknet. – Ausbeute: 10 mg (0.016 mmol), 32%.

MS (EI, 70 eV): m/z (%) = 617 ([M]$^+$, 1), 602 ([M-CH]$^+$, 1), 588 ([M-(CH)$_2$]$^+$, 1), 576 ([M-(CH)$_3$]$^+$, 1), 564 ([M-(CH)$_4$]$^+$, 1), 551 ([M-(CH)$_5$]$^+$, 3), 537 ([M-(CH)$_6$]$^+$, 3), 523 ([M-(CH)$_7$]$^+$, 4), 509 ([M-(C_8H_8)]$^+$, 3), 495 ([M-(C_8H_8)-(CH)]$^+$, 3), 480 ([M-(C_8H_8)-(CH)$_2$]$^+$, 2), 466 ([M-(C_8H_8)-(CH)$_4$]$^+$, 1), 452 ([M-(C_8H_8)-(CH)$_5$]$^+$, 1), 430 (1), 423 ([M-(C_8H_8)-(CH)$_7$]$^+$, 1), 410 ([M-(C_8H_8)$_2$]$^+$, 5), 386 (6), 368 (22), 353 (4), 341 (8), 313 (6), 299 (5), 285 (5), 264 (9), 256 ([Eu(CH)$_8$]$^+$, 13),

236 (26), 228 ($[Eu(CH)_6]^+$, 7), 213 ($[Eu(CH)_5]^+$, 8), 185 ($[Eu(CH)_3]^+$, 7), 149 ($[Eu]^+$, 18), 137 (39), 95 ($[(CH)_7]^+$, 55), 83 ($[(CH)_6]^+$, 60), 71 ($[(CH)_5]^+$, 48).

4.3 Kristallstrukturuntersuchungen

4.3.1 Datensammlung und Verfeinerung

Die Bestimmung der Reflexlagen und -intensitäten erfolgte in der vorliegenden Arbeit mit Hilfe eines *STOE IPDS 2*. Es wurde eine Mo-Anode (Mo-K_{α}-Strahlung; δ = 0.71073 Å) und ein nachgeschalteter Graphitmonochromator verwendet. Die zu messenden Kristalle wurden mit Hilfe eines Polarisationsmikroskops unter Mineralöl ausgesucht und mit etwas Öl in einem kalten Stickstoffstrom an einem Glasfaden auf dem Goniometerkopf befestigt.

Die Strukturanalysen gliedern sich in folgende Schritte:

1. Bestimmung der Orientierungsmatrix und der Gitterkonstanten anhand der Orientierungsparamter von 500 – 1000 Reflexen im gesamten Messbereich aus mehreren Aufnahmen.

2. Bestimmung der Reflexintensitäten durch Anpassen der Integrationsbedingungen an das gemittelte Reflexprofil und anschließendes Auslesen aller Aufnahmen.

3. Datenreduktion und Korrekturen durch Lorentz- und Polarisationsfaktorkorrektur.

4. Die Strukturbestimmung wurde mit den Programmen *SHELXS*,[121] *SHELXL*,[122] *WinGX32*[123] und *OLEX2*[124] auf einem *Intel Centrino Pro* PC durchgeführt. Die Lösung der Kristallstrukturen erfolgte mittels direkter oder Patterson-Methoden und anschließenden Differenzfouriersynthesen; Optimierung der Atomparameter durch Verfeinerung nach der Methode der kleinsten Fehlerquadrate gegen F_0^2 für die gesamte Matrix.

5. Zur Erstellung von Molekülbildern wurde das Programm *Diamond 3.2g* verwendet.[125]

4.3.2 Daten zu den Kristallstrukturanalysen

4.3.2.1 $[Fe_6Sm_2(\mu_3\text{-}S)_6(\mu, \eta^2\text{-}CO)_4(CO)_8(\eta^5\text{-}C_5Me_5)_4]$ (**1**)

Summenformel	$C_{52}H_{60}Fe_6O_{12}S_6Sm_2$
Molare Masse / g·mol^{-1}	1705.16
Kristallsystem	Monoklin
a / Å	14.607(3)
b / Å	10.669(2)
c / Å	20.604(4)
β / °	106.43(3)
Zellvolumen / Å^3	3079.9(11)
Messtemperatur / K	200
Raumgruppe	$P2_1/c$
Z	2
Absorptionskoeffizient μ / mm^{-1}	3.504
gemessene Reflexe	27938
unabhängige Reflexe	8305
R_{int}	0.0692
R_1	0.0461
wR2	0.0911
GooF	1.057

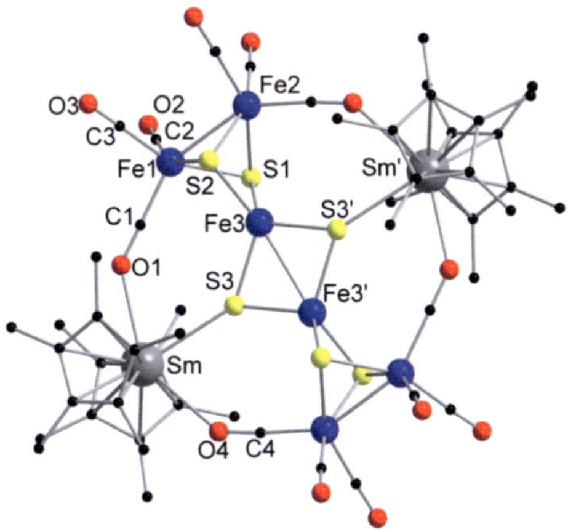

4.3.2.2 $[Fe_6Yb_2(\mu_3\text{-}S)_6(\mu,\eta^2\text{-}CO)_4(CO)_8(\eta^5\text{-}C_5Me_5)_4]$ (**2**)

Summenformel	$C_{52}H_{60}Fe_6O_{12}S_6Yb_2\cdot(C_4H_8O)_2$
Molare Masse / g·mol^{-1}	1894.75
Kristallsystem	Triklin
a / Å	9.559 (2)
b / Å	13.303(3)
c / Å	14.905(3)
α / °	86.83(3)
β / °	86.12(3)
γ / °	80.68(3)
Zellvolumen / Å^3	1869.8(7)
Messtemperatur / K	200
Raumgruppe	$P\overline{1}$
Z	1
Absorptionskoeffizient μ / mm^{-1}	3.825
gemessene Reflexe	18225
unabhängige Reflexe	9283
R_{int}	0.0520
R_1	0.0439
$wR2$	0.1156
GooF	0.966

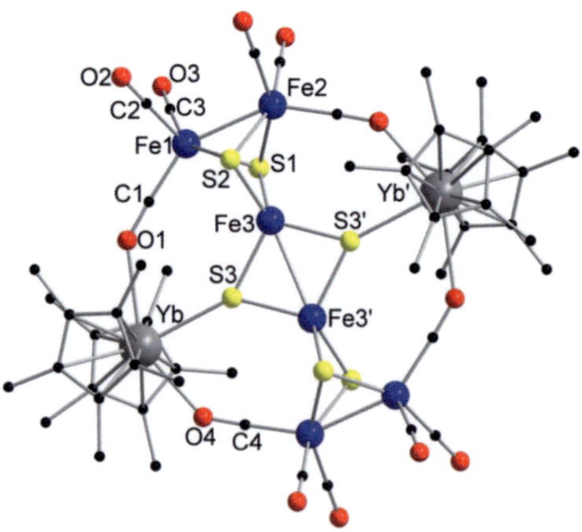

4.3.2.3 *[{(dipp-Bian)Ga}$_2$Sm(thf)$_4$] (**3**)*

Summenformel	$C_{88}H_{112}Ga_2N_4O_4Sm$
Molare Masse / g·mol^{-1}	1579.61
Kristallsystem	Monoklin
a / Å	13.7822(4)
b / Å	14.3724(4)
c / Å	20.1608(6)
β / °	90.656(2)
Zellvolumen / Å^3	3993.3(2)
Messtemperatur / K	150
Raumgruppe	$P2_1/n$
Z	2
Absorptionskoeffizient μ / mm^{-1}	1.447
gemessene Reflexe	34618
unabhängige Reflexe	7239
R_{int}	0.0350
R_1	0.0196
$wR2$	0.0501
GooF	1.003

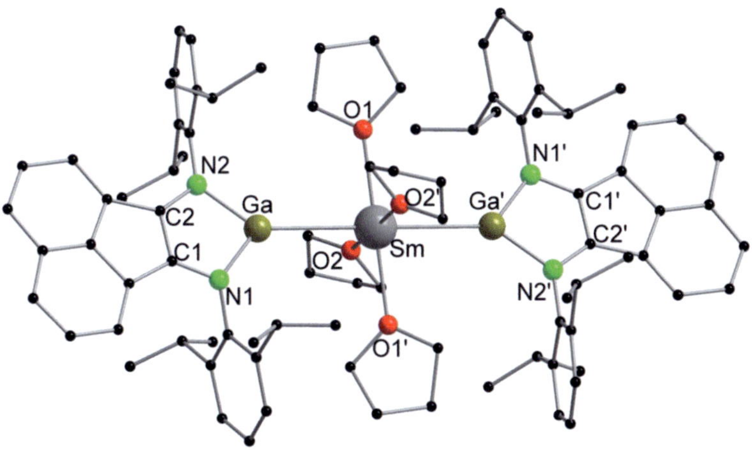

4.3.2.4 *[{(dipp-Bian)Ga}$_2$Sm(thf)$_4$]·(thf)$_2$(Toluol)* (***3a***)

Summenformel	$C_{103}H_{136}Ga_2N_4O_6Sm$
Molare Masse / g·mol^{-1}	1815.95
Kristallsystem	Monoklin
a / Å	12.7406(7)
b / Å	15.4964(5)
c / Å	24.3631(11)
β / °	99.393(4)
Zellvolumen / Å^3	4745.6(4)
Messtemperatur / K	150
Raumgruppe	$P2_1/n$
Z	2
Absorptionskoeffizient μ / mm^{-1}	1.228
gemessene Reflexe	18069
unabhängige Reflexe	8536
R_{int}	0.0347
R_1	0.0333
$wR2$	0.0749
GooF	0.910

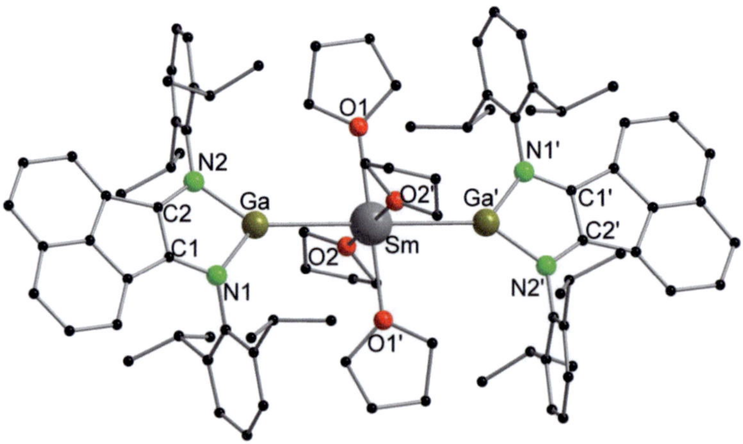

*4.3.2.5 [{(dipp-Bian)Ga}$_2$Eu(thf)$_4$] (**4**)*

Summenformel	$C_{103}H_{136}EuGa_2N_4O_6$
Molare Masse / g·mol^{-1}	1817.56
Kristallsystem	Monoklin
a / Å	12.611(3)
b / Å	15.433(3)
c / Å	24.211(5)
β / °	99.49(3)
Zellvolumen / Å^3	4647(2)
Messtemperatur / K	150
Raumgruppe	$P2_1/n$
Z	2
Absorptionskoeffizient μ / mm^{-1}	1.297
gemessene Reflexe	35152
unabhängige Reflexe	9858
R_{int}	0.0512
R_1	0.0359
wR2	0.0786
GooF	1.005

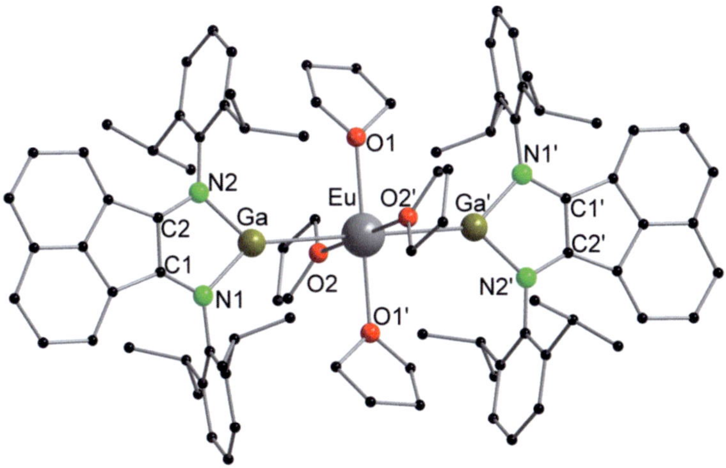

4.3.2.6 *[{(dipp-Bian)Ga}$_2$Yb(thf)$_4$]* **(5)**

Summenformel	$C_{88}H_{112}Ga_2N_4O_4Yb$
Molare Masse / g·mol^{-1}	1602.30
Kristallsystem	Monoklin
a / Å	13.6617(5)
b / Å	14.3216(4)
c / Å	20.1983(9)
β / °	90.575(3)
Zellvolumen / Å^3	3951.7(3)
Messtemperatur / K	150
Raumgruppe	$P2_1/n$
Z	2
Absorptionskoeffizient *μ* / mm^{-1}	1.902
gemessene Reflexe	24572
unabhängige Reflexe	7022
R_{int}	0.0889
R_1	0.0365
wR2	0.0731
GooF	0.881

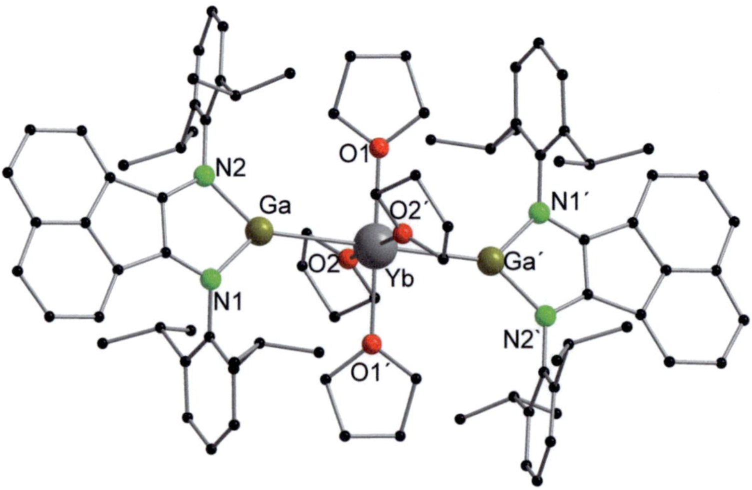

4.3.2.7 *[{(dipp-Bian)Ga−Ga(dipp-Bian)}(C_4H_8O)TmI(thf)$_5$]·(thf)* (**6**)

Summenformel	$C_{100}H_{136}Ga_2IN_4O_7Tm$
Molare Masse / g·mol^{-1}	1941.40
Kristallsystem	Monoklin
a / Å	46.0961(15)
b / Å	20.8634(9)
c / Å	25.2675(8)
β / °	122.319(2)
Zellvolumen / Å^3	20535.8(13)
Messtemperatur / K	150
Raumgruppe	*C*2/*c*
Z	8
Absorptionskoeffizient *μ* / mm^{-1}	1.729
gemessene Reflexe	91276
unabhängige Reflexe	18592
R_{int}	0.1066
R_1	0.0467
wR2	0.0746
GooF	1.006

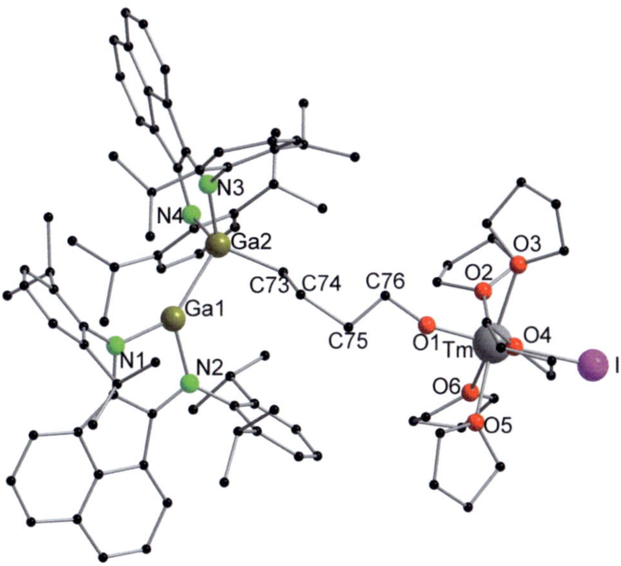

4.3.2.8 *[{(dipp-Bian)Ga}$_2$Ca(thf)$_4$] (**7**)*

Summenformel	$C_{92}H_{120}Ga_2N_4O_5Ca$
Molare Masse / g·mol^{-1}	1541.44
Kristallsystem	Monoklin
a / Å	26.670(5)
b / Å	14.220(3)
c / Å	24.587(5)
β / °	110.93(3)
Zellvolumen / Å^3	8709(3)
Messtemperatur / K	150
Raumgruppe	$P2_1/c$
Z	4
Absorptionskoeffizient *μ* / mm^{-1}	0.729
gemessene Reflexe	57391
unabhängige Reflexe	16142
R_{int}	0.0890
R_1	0.0672
wR2	0.1934
GooF	0.939

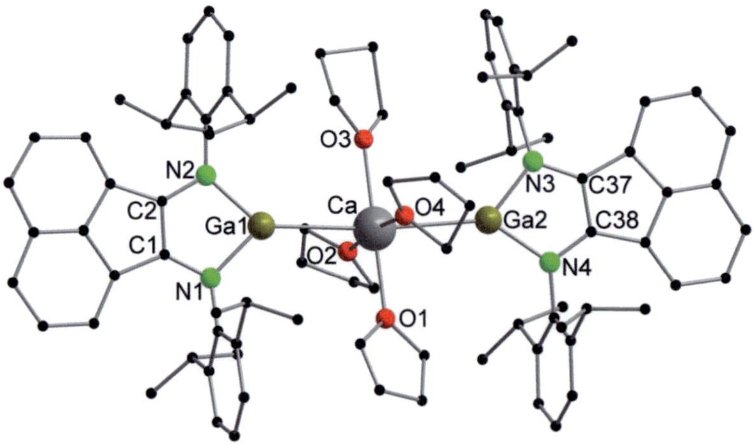

*4.3.2.9 [{(dipp-Bian)Ga}$_2$Sr(thf)$_4$] (**8**)*

Summenformel	$C_{102}H_{128}Ga_2N_4O_6Sr$
Molare Masse / g·mol^{-1}	1733.14
Kristallsystem	Monoklin
a / Å	12.614(3)
b / Å	15.453(3)
c / Å	24.227(5)
β / °	99.41(3
Zellvolumen / Å^3	4659(2)
Messtemperatur / K	150
Raumgruppe	*P*2$_1$/*n*
Z	2
Absorptionskoeffizient μ / mm^{-1}	1.199
gemessene Reflexe	43074
unabhängige Reflexe	12545
R_{int}	0.0749
R_1	0.0719
wR2	0.1890
GooF	1.022

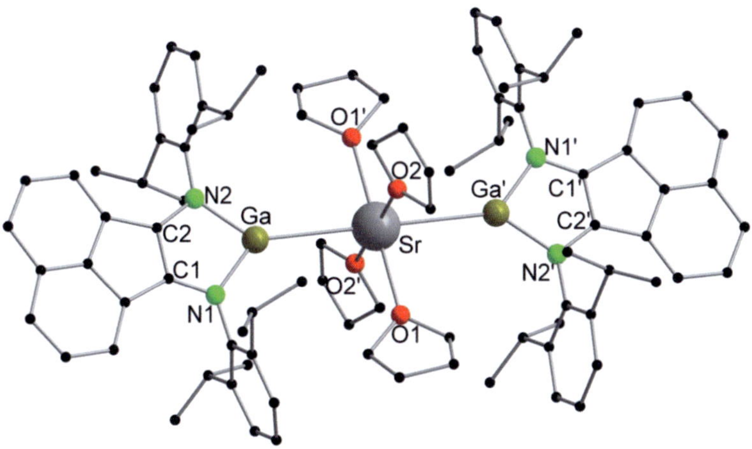

4.3.2.10 *[(dipp-Bian)Ga(μ-O)K(thf)₃]₂* (**9**)

Summenformel	$C_{100}H_{136}Ga_2K_2N_4O_9$
Molare Masse / g·mol^{-1}	1755.77
Kristallsystem	Triklin
a / Å	13.742(3)
b / Å	14.992(3)
c / Å	23.777(5)
α / °	82.93(3)
β / °	73.68(3)
γ / °	86.60(3)
Zellvolumen / Å^3	4664(2)
Messtemperatur / K	150(2)
Raumgruppe	$P\bar{1}$
Z	2
Absorptionskoeffizient *μ* / mm^{-1}	0.725
gemessene Reflexe	36822
unabhängige Reflexe	19151
R_{int}	0.0603
R_1	0.0583
wR2	0.1170
GooF	0.943

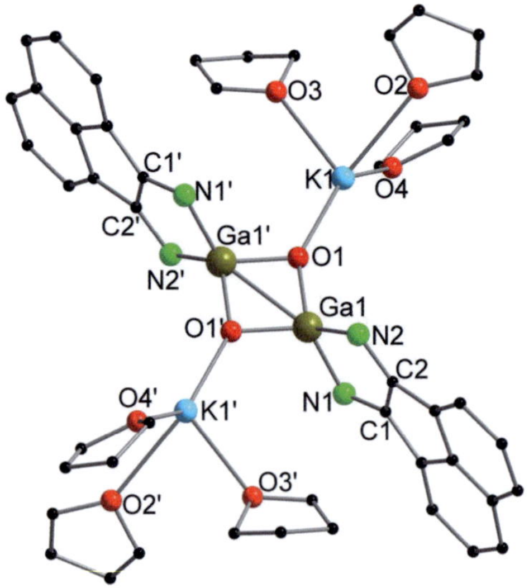

4.3.2.11 *[(dipp-Bian)Ga-Lu(C_5H_5)$_2$(thf)]* (**10**)

Summenformel	$C_{54}H_{66}GaLuN_2O_2$
Molare Masse / g·mol^{-1}	1019.78
Kristallsystem	Monoklin
a / Å	15.215(3)
b / Å	16.236(3)
c / Å	19.015(4)
β / °	91.95(3)
Zellvolumen / Å^3	4694(2)
Messtemperatur / K	150(2)
Raumgruppe	*Cc*
Z	4
Absorptionskoeffizient μ / mm^{-1}	2.707
gemessene Reflexe	29525
unabhängige Reflexe	8460
R_{int}	0.0371
R_1	0.0310
wR2	0.0766
GooF	1.148
Flack	0.006(8)

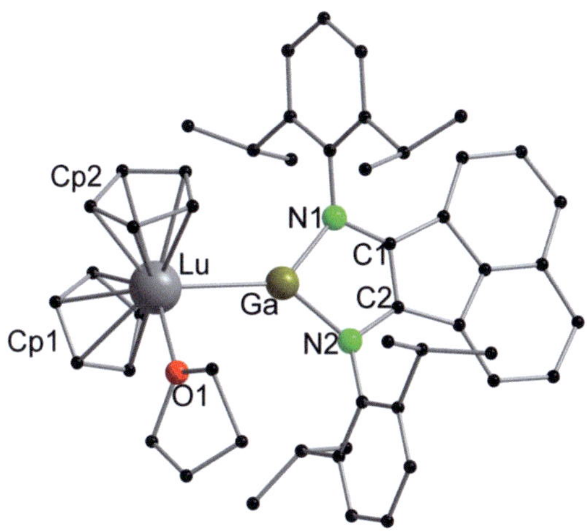

*4.3.2.12 [$Sm_2(COT)_3(thf)_2$] (**11**)*

Summenformel	$C_{33}H_{42}O_2Sm_2$
Molare Masse / g·mol^{-1}	771.37
Kristallsystem	Monoklin
a / Å	16.499(3)
b / Å	12.7907(13)
c / Å	14.2783(14)
β / °	108.662(10)
Zellvolumen / Å^3	2854.8(6)
Messtemperatur / K	200
Raumgruppe	$P2_1/c$
Z	4
Absorptionskoeffizient μ / mm^{-1}	4.101
gemessene Reflexe	29268
unabhängige Reflexe	7689
R_{int}	0.1668
R_1	0.0729
$wR2$	0.1563
GooF	0.965

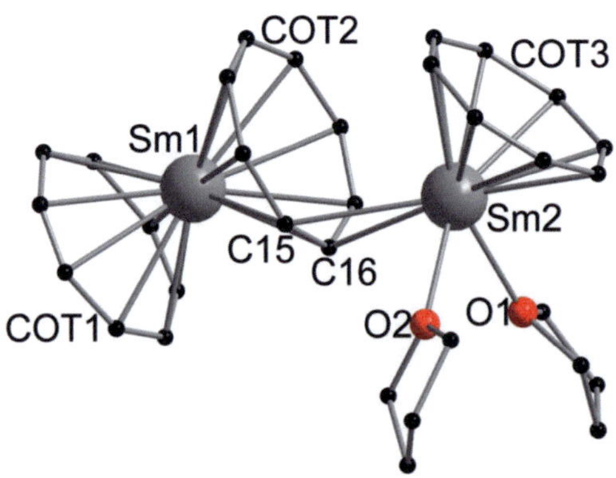

5. Zusammenfassung

5.1 Zusammenfassung

Im ersten Teil dieser Dissertation wurde die Reaktivität des dinuklearen Eisenschwefelcarbonyls $[Fe_2(\mu\text{-}S_2)(CO)_6]$ gegenüber zweiwertigen Lanthanoidverbindungen untersucht. Durch die Reduktion von $[Fe_2(\mu\text{-}S_2)(CO)_6]$ mit den zweiwertigen Metallocenen der Lanthanoide $[(\eta^5\text{-}C_5Me_5)_2Ln(thf)_2]$ (Ln = Sm, Yb) entsteht eine Verbindung der Zusammensetzung $[Fe_6Ln_2(\mu_3\text{-}S)_6(\mu,\eta^2\text{-}CO)_4(CO)_8(\eta^5\text{-}C_5Me_5)_4]$ (Ln = Sm (**1**), Yb (**2**)), die einen vierzehngliedrigen Ring aus Lanthanoidatomen und Eisencarbonyl enthält (Schema 1). Gleichzeitig kommt es zur Oxidation der zweiwertigen Lanthanoide. Die zentrale $[Fe_6(\mu_3\text{-}S)_6(CO)_{12}]^{2-}$-Einheit wurde bislang nur in Ammonium- oder Bis(triphenylphosphin)imin-Salzen gefunden, bei denen die Dianionen $[Fe_3S(CO)_9]^{2-}$ bzw. $[Fe_5S_4(CO)_{12}]^{2-}$ oder K_2S_4 als Ausgangsstoffe verwendet wurden.

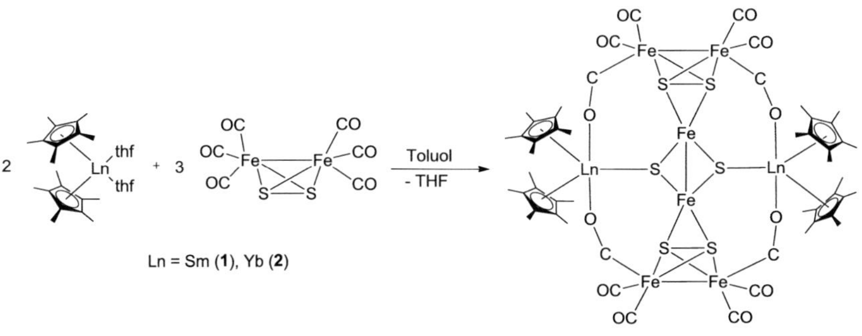

Schema 1: Darstellung der Lanthanoid-Eisen-Schwefel-Cluster.

Mit dem milderen Reduktionsmittel $[(\eta^5\text{-}C_5Me_5)_2Eu(thf)_2]$ konnte dagegen auch bei höheren Temperaturen keine Reaktion beobachtet werden. Dies ist aufgrund der Redoxpotentiale (Sm > Yb > Eu) nicht unerwartet. Bei Umsetzungen mit dem trinuklearen Eisenschwefelcarbonyl $[Fe_3S_2(CO)_9]$ und den zweiwertigen Lanthanoiden konnte nur die Zersetzung des Eisencarbonyls beobachtet werden, bei der elementarer Schwefel entsteht.

Der zweite Teil dieser Arbeit befasst sich mit der Synthese und Reaktivität von zweiwertigen Lanthanoid-Galliumkomplexen. Hierfür wurde zunächst die Digalliumverbindung [(dipp-Bian)Ga]$_2$ mit den Amalgamen der Lanthanoide Samarium, Europium und Ytterbium umgesetzt (Schema 2).

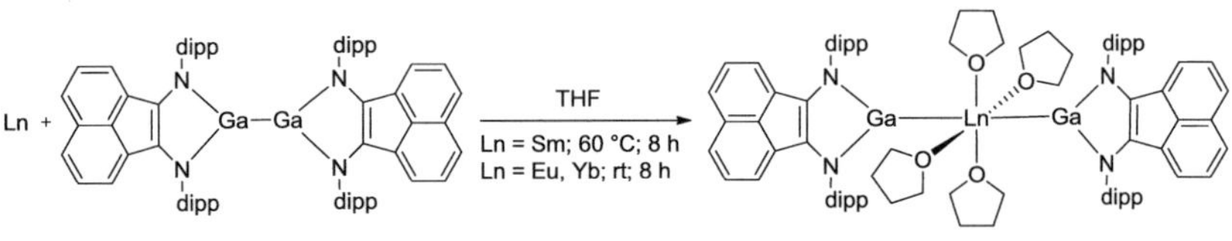

Ln = Sm (**3**), Eu (**4**), Yb (**5**)

Schema 2: Insertion der zweiwertigen Lanthanoide in die Gallium-Gallium-Bindung.

Ein zweiter Zugang zu den Lanthanoid-Galliumverbindungen **3**, **4** und **5** konnte über Salzmetathesereaktionen von [(dipp-Bian)Ga-K(thf)$_5$] mit den Iodiden der zweiwertigen Lanthanoide erreicht werden (Schema 3).

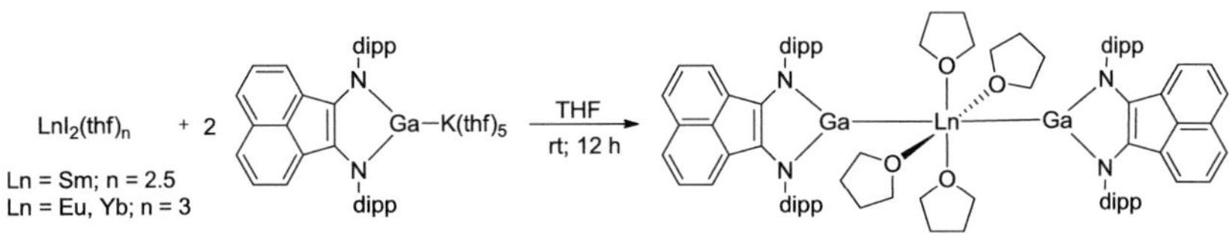

Ln = Sm (**3**), Eu (**4**), Yb (**5**)

Schema 3: Salzmetathesereaktion zu den Verbindungen **3**, **4** und **5**.

Für Verbindung **3** konnte ein dritter Reaktionsweg über die Umsetzung von [(dipp-Bian)Ga-K(thf)$_5$] mit dem dreiwertigen Samariumiodid gefunden werden (Schema 4). Bei dieser Reaktion finden gleichzeitig eine Salzmetathese- und eine Redoxreaktion statt.

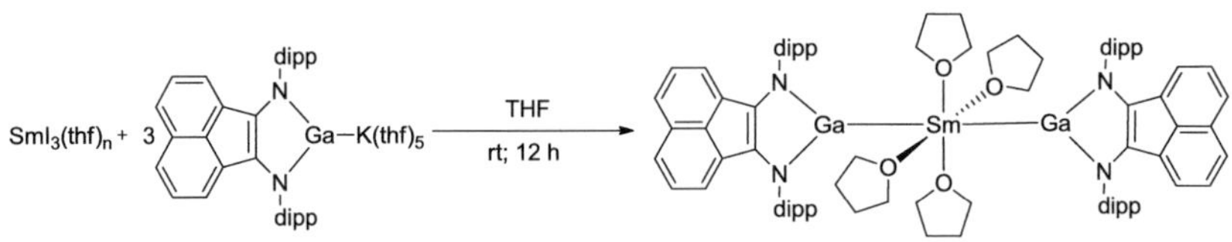

3

Schema 4: Dritter Syntheseweg zu Verbindung **3**.

Verbindung **5** enthält die bislang kürzeste Ytterbium-Gallium-Bindung, wobei wahrscheinlich Packungseffekte eine nicht unerhebliche Rolle für die Bindungslänge spielen.

Die Umsetzungen von [(dipp-Bian)Ga]$_2$ und [(dipp-Bian)Ga-K(thf)$_5$] mit dem zweiwertigen Thuliumiodid führten zu Verbindung **6** (Schema 5). Bei der Reaktion der Digalliumverbindung mit Thuliumiodid entsteht zum einen Thulium(III)iodid und ein THF-Ring wird unter Bildung des Anions (O-CH$_2$-CH$_2$-CH$_2$-CH$_2$)$^{2-}$ gespalten. Das negativ geladene Sauerstoffatom bindet an Thulium, die negativ geladene (CH$_2$)$^{2-}$-Einheit bindet an eines der beiden Galliumatome.

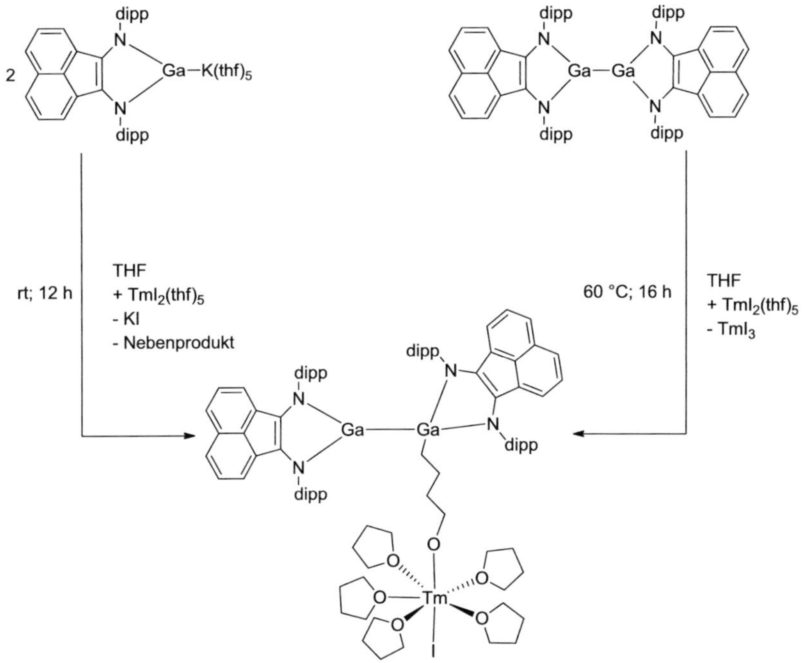

6

Schema 5: Reaktionswege zu [{(dipp-Bian)Ga-Ga(dipp-Bian)}TmI(O(CH$_2$)$_4$)(thf)$_5$] (**6**).

Der Reaktionsweg ausgehend von [(dipp-Bian)Ga-K(thf)$_5$] ist wesentlich komplizierter, da es neben der Oxidation des Thuliumatoms und der zweifachen Reduktion eines THF-Moleküls noch zur Oxidation von [(dipp-Bian)Ga-K(thf)$_5$] kommt.

Nach der erfolgreichen Synthese der Lanthanoid-Galliumkomplexe sollte die Salzmetathesereaktion auch bei den Erdalkalimetallen angewandt werden. Diese waren bislang nur aus den Elementen über die Amalgam-Route zugänglich und bis auf Barium konnten die Kristallstrukturen nicht verfeinert werden. Die Salzmetathesereaktion war für Calcium und Strontium erfolgreich und die Verbindungen **7** und **8** (Schema 6) konnten mittels Röntgenstrukturanalyse charakterisiert werden.

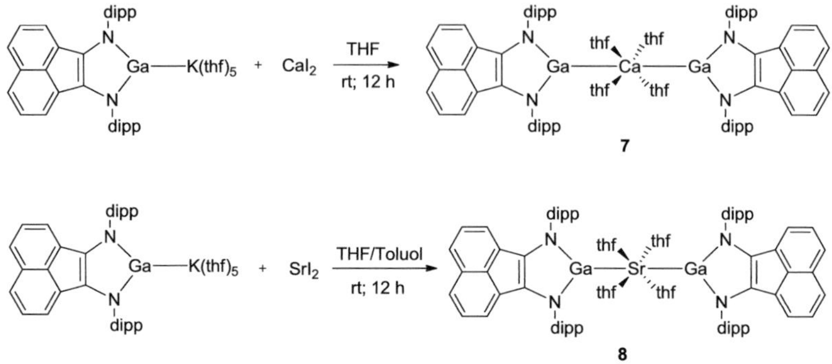

Schema 6: Darstellung der Erdalkali-Galliumkomplexe **7** und **8.**

Umsetzungen von [(dipp-Bian)Ga-K(thf)$_5$] mit den dreiwertigen Halogeniden der Lanthanoide waren nicht erfolgreich. Erst durch den Austausch zweier Halogenide gegen zwei Cyclopentadienyl-Liganden konnte eine Bindung zwischen Gallium und Lutetium dargestellt werden. Mittels Salzmetathesereaktion entsteht bei der Umsetzung von [(dipp-Bian)Ga-K(thf)$_5$] mit [Cp$_2$LuCl(thf)] die Verbindung [(dipp-Bian)Ga-Lu(Cp)$_2$(thf)] (**10**) (Schema 7). Verbindung **10** enthält die erste, strukturell charakterisierte Bindung zwischen einem Gallium- und einem Lutetiumatom.

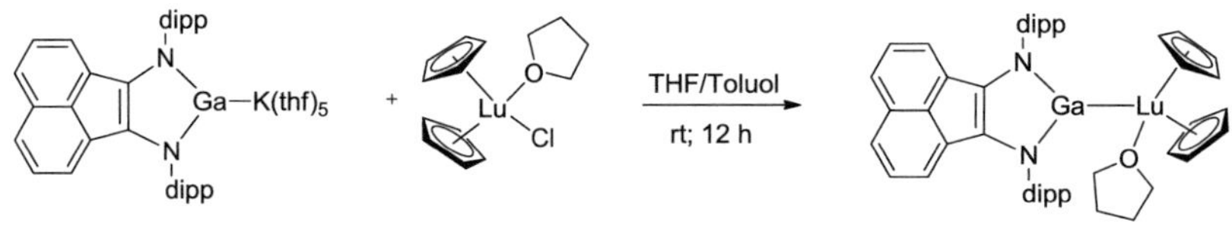

Schema 7: Darstellung von [(dipp-Bian)Ga-Lu(Cp)$_2$(thf)] (**10**).

Bei der Umsetzung von Verbindung **3** mit Cyclooctatetraen konnte Komplex **11** (Schema 8) isoliert und röntgenstrukturanalytisch untersucht, jedoch nicht reproduziert werden. Als zweites Produkt entstand das Dimer [(dipp-Bian)Ga]$_2$.

Bei den Reaktionen der Verbindungen **4** und **5** mit Cyclooctatetraen entstand jeweils ein in den gängigen Lösungsmitteln unlösliches Pulver, wobei das aus der Umsetzung mit Verbindung **5** nicht näher charakterisiert werden konnte. Das bei der Reaktion von Verbindung **4** mit Cyclooctatetraen erhaltene Pulver wurde massenspektrometrisch untersucht und der Molekülpeak bei *m/z* = 617 (1%) wurde Eu$_2$COT$_3$ zugeordnet. Das Ramanspektrum von dieser Verbindung konnte nicht ausgewertet werden, da es zu einer Linienverbreiterung durch eine Fluoreszenzerscheinung kam.

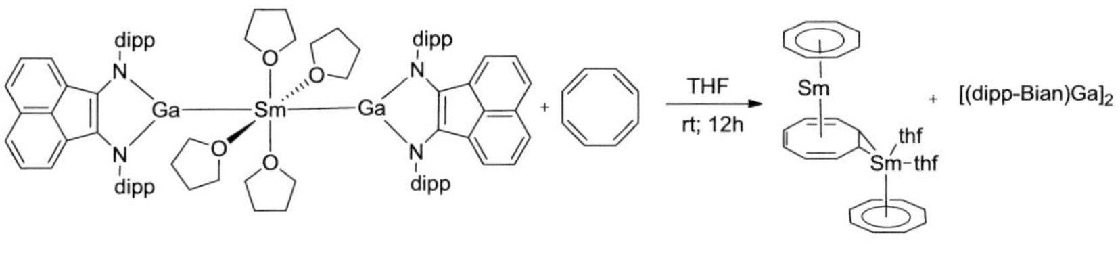

Schema 8: Darstellung von $Sm_2COT_3(thf)_2$ (**11**).

5.2 Summary

The first part of this thesis is about the reaction of the binuclear iron sulfur carbonyl $[Fe_2(\mu\text{-}S_2)(CO)_6]$ with divalent lanthanide compounds. The reduction of $[Fe_2(\mu\text{-}S_2)(CO)_6]$ with the divalent lanthanides metallocenes $[(\eta^5\text{-}C_5Me_5)_2Ln(thf)_2]$ (Ln = Sm, Yb) leeds to a compound with composition $[Fe_6Ln_2(\mu_3\text{-}S)_6(\mu,\eta^2\text{-}CO)_4(CO)_8(\eta^5\text{-}C_5Me_5)_4]$ (Ln = Sm (**1**), Yb (**2**)) (scheme 1), that contains a fourteen membered ring of lanthanide atoms and iron carbonyl. At the same time the divalent lanthanides are oxidized. The central $[Fe_6(\mu_3\text{-}S)_6(CO)_{12}]^{2-}$ core was only known as ammonium or bis(triphenylphosphine)iminium salts, where the dianions $[Fe_3S(CO)_9]^{2-}$ and $[Fe_5S_4(CO)_{12}]^{2-}$ respectively or K_2S_4 were used as starting reagents.

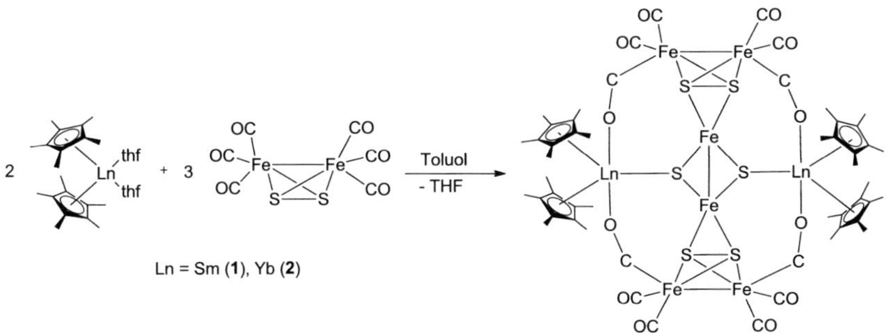

Scheme 1: Synthesis of compounds **1** and **2**.

With the milder reduction agent $[(\eta^5\text{-}C_5Me_5)_2Eu(thf)_2]$, no reaction could be observed even at higher temperatures. This is not unexpected because of the redox potentials (Sm > Yb > Eu). In the reaction of the trinuclear $[Fe_3S_2(CO)_9]$ and the divalent lanthanides, only decomposition of the iron carbonyl is observed and resulted in elemental sulfur.

The second part of this thesis is about the synthesis and reactivity of divalent lanthanide gallium compounds. Firstly the reaction of the digallium compound [(dipp-Bian)Ga]$_2$ with the lanthanide amalgams of samarium, europium and ytterbium (scheme 2) results in the insertion of divalent lanthanides in gallium-gallium-bonds.

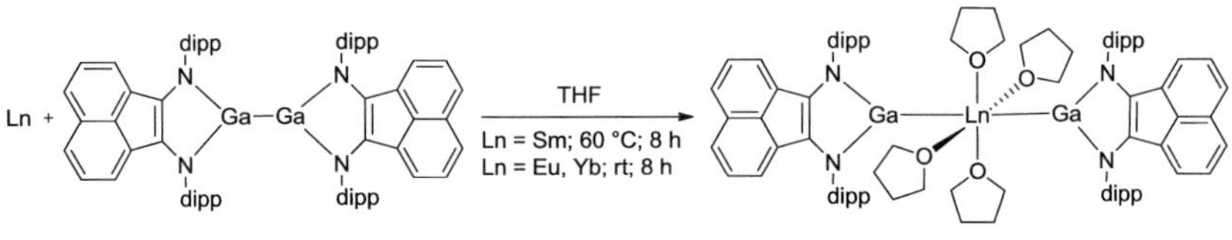

Ln = Sm (**3**), Eu (**4**), Yb (**5**)

Scheme 2: Insertion of divalent lanthanides in gallium-gallium-bonds.

A second approach to compounds **3**, **4** and **5** is via salt metathesis of [(dipp-Bian)Ga-K(thf)$_5$] with the divalent lanthanide iodides (scheme 3).

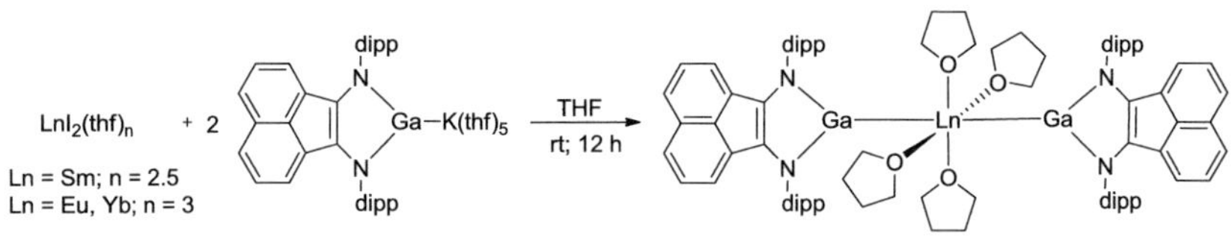

Ln = Sm (**3**), Eu (**4**), Yb (**5**)

Scheme 3: Salt metathesis to compounds **3**, **4** and **5**.

Compound **3** could also be obtained by a third approach via the reaction of [(dipp-Bian)Ga-K(thf)$_5$] with the trivalent samarium iodide (scheme 4). During this reaction, a salt metathesis and a redox reaction take place.

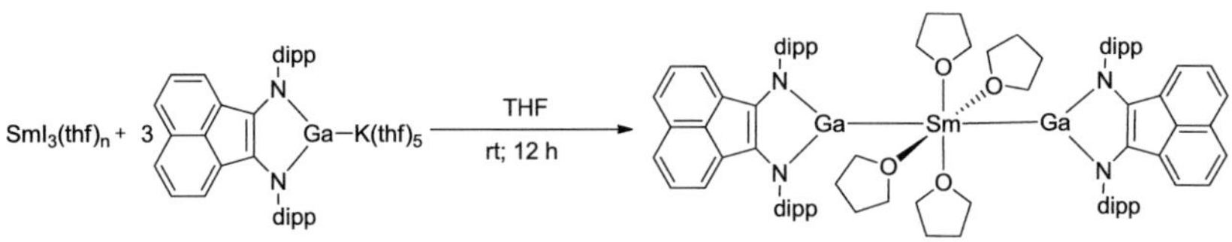

3

Scheme 4: Third approach to compound **3**.

Compound **5** contains the shortest known ytterbium gallium bonding distance, but packing effects should not be excluded.

The reaction of the digallium compound [(dipp-Bian)Ga]$_2$ and [(dipp-Bian)Ga-K(thf)$_5$] with the thulium diiodide leeds to compound **6** (Scheme 5). In the reaction, a thf ring is opened to form a dianion (O-CH$_2$-CH$_2$-CH$_2$-CH$_2$)$^{2-}$, which is bridged between the gallium and the thulium atoms.

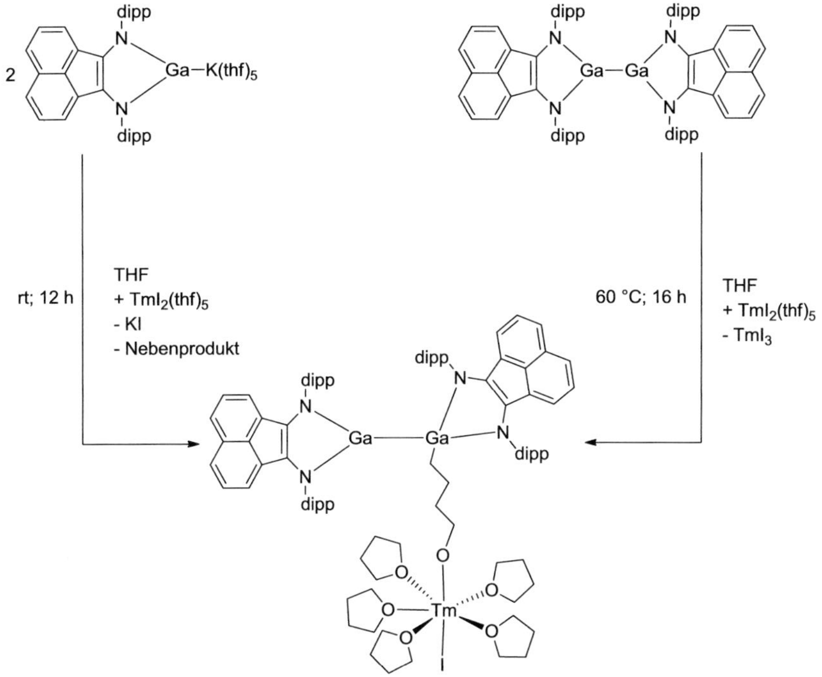

6

Scheme 5: Reaction pathways to [{(dipp-Bian)Ga-Ga(dipp-Bian)}TmI(O(CH$_2$)$_4$)(thf)$_5$] (**6**).

The reaction pathway of [(dipp-Bian)Ga-K(thf)$_5$] is much more complicated than that of [(dipp-Bian)Ga]$_2$. The oxidation of a thulium atom, the twofold reduction of a thf molecule and the oxidation of [(dipp-Bian)Ga-K(thf)$_5$] take place in the same reaction.

After the successful synthesis of lanthanide gallium compounds, a similar salt metathesis is adopted for the alkaline earth metals. The complexes of [(dipp-Bian)Ga]$_2$ and the alkaline earth elements were only known to be built via the amalgam pathway. Only one single crystal structure of the barium gallium complex was refined. The salt metathesis of calcium and strontium iodide are successful and complexes **7** and **8** (scheme 6) are characterized by single x-ray diffraction.

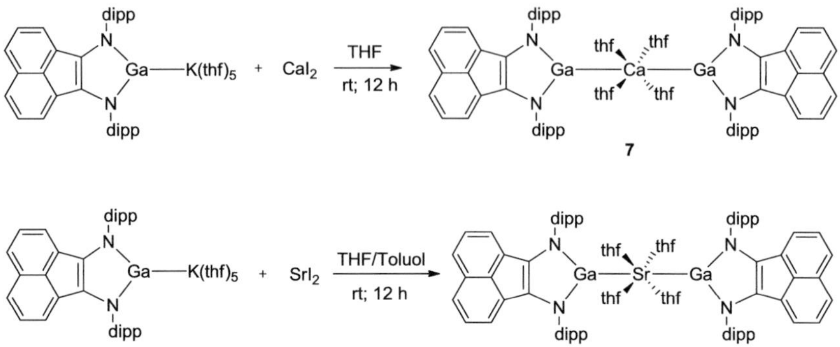

Scheme 6: Synthesis of the alkaline earth complexes **7** and **8**.

The reaction of [(dipp-Bian)Ga-K(thf)$_5$] with the lanthanide trihalides are not successful. A bonding between gallium and lutetium is formed until the exchange of two halides with two cyclopentadienyl ligands. Via salt metathesis, compound **10** ([(dipp-Bian)Ga-Lu(Cp)$_2$(thf)]) is built starting with [(dipp-Bian)Ga-K(thf)$_5$] and [Cp$_2$LuCl(thf)] (Scheme 7). Compound **10** contains the first structurally characterized bonding between gallium and lutetium.

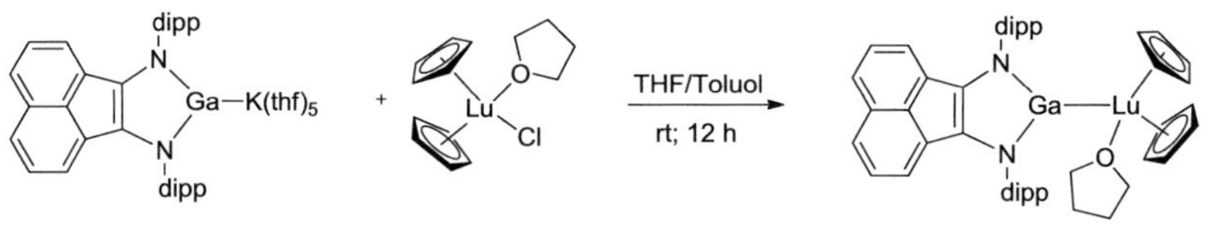

Scheme 7: Synthesis of [(dipp-Bian)Ga-Lu(Cp)$_2$(thf)] (**10**).

The reaction of compound **3** and cyclooctatetraene results in complex **11** (Scheme 8), which is analyzed by x-ray diffraction. Unfortunately this compound is not reproducable. [(dipp-Bian)Ga]$_2$ is a side product in this reaction.

The reactions of **4** or **5** with cyclooctatetraene results in an insoluble precipitate, whereas the precipitate of compound **5** is not characterized any further. The resulting precipitate with compound **4** and cyclooctatetraene is analyzed by mass spectroscopy and a signal at *m/z* = 617 (1%) is observed and assigned to Eu$_2$COT$_3$. The raman spectrum of this compound could not be analyzed because of line broadening caused by fluorescence.

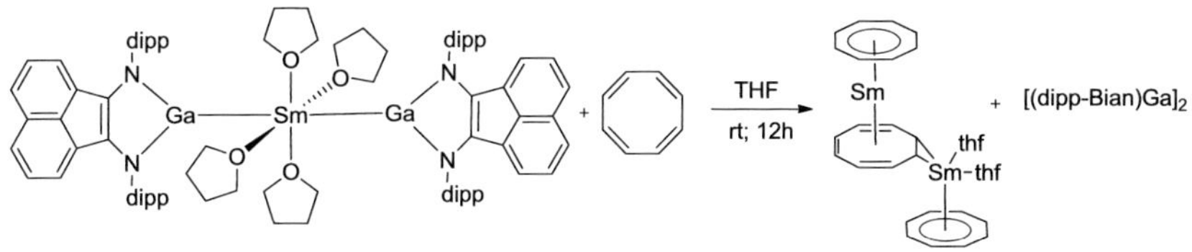

11

Scheme 8: Synthesis of $Sm_2(COT)_3(thf)_2$ (**11**).

6. Literatur

[1] N. Kaltsoyannis, P. Scott, *The f elements*, Oxford University Press Inc., New York, **1999**.

[2] S. Cotton, *Lanthanide and Actinide Chemistry*, Wiley, Chichester, **2006**.

[3] C. S. Reiners, *Chemie in unserer Zeit* **2001**, *35*, 110.

[4] P. W. Roesky, *chemie&more* **2011**, *3*, 30-35.

[5] A. J. Freeman, R. E. Watson, *Physical Review* **1962**, *127*, 2058-2075.

[6] R. D. Shannon, *Acta Crystallogr. Sect. A* **1976**, *32*, 751-767.

[7] N. N. Greenwood, A. Earnshaw, *Chemistry of the Elements*, Pergamon Press, Oxford, **1984**.

[8] a) T. E. Müller, K. C. Hultzsch, M. Yus, F. Foubelo, M. Tada, *Chem. Rev.* **2008**, *108*, 3795; b) S. Hong, T. J. Marks, *Acc. Chem. Res.* **2004**, *37*, 673; c) F. Pohlki, S. Doye, *Chem. Soc. Rev.* **2003**, *32*, 104; d) P. W. Roesky, T. E. Müller, *Angew. Chem. Int. Ed.* **2003**, *42*, 2708-2710.

[9] a) P.-F. Fu, L. Brard, Y. Li, T. J. Marks, *J. Am. Chem. Soc.* **1995**, *117*, 7157; b) M. Rastätter, A. Zulys, P. W. Roesky, *Chem. Eur. J.* **2007**, *13*, 3606; c) B. Marciniec, H. Maciejewski, C. Pietraszuk, P. Pawluc, *Hydrosilylation. A Comprehensive Review on Recent Advances*, Springer, London, **2009**.

[10] a) Z. Hou, Y. Wakatsuki, *Coord. Chem. Rev.* **2002**, *231*, 1; b) J. Gromada, J.-F. Carpentier, A. Mortreux, *Coord. Chem. Rev.* **2004**, *248*, 397.

[11] a) F. T. Edelmann, *Coord. Chem. Rev.* **1994**, *137*, 403; b) F. T. Edelmann, *Chem. Soc. Rev.* **2009**, *38*, 2253.

[12] F. Lauterwasser, P. G. Hayes, S. Bräse, W. E. Piers, L. L. Schafer, *Organometallics* **2004**, *23*, 2234-2237.

[13] a) P. W. Roesky, *Chem. Ber.* **1997**, *130*, 859; b) N. Meyer, A. Zulys, P. W. Roesky, *Organometallics* **2006**, *25*, 4179.

[14] a) T. K. Panda, P. Benndorf, P. W. Roesky, *Z. Anorg. Allg. Chem.* **2005**, *631*, 81; b) T. K. Panda, A. Zulys, M. T. Gamer, P. W. Roesky, *Organometallics* **2005**, *24*, 2197.

[15] H. Kim, T. Livinghouse, J. H. Shim, S. G. Lee, P. H. Lee, *Adv. Synth. Catal.* **2006**, *348*, 701.

[16] K. C. Hultzsch, *Org. Biomol. Chem.* **2005**, *3*, 1819.

[17] a) D. V. Gribkov, K. C. Hultzsch, F. Hampel, *J. Am. Chem. Soc.* **2006**, *128*, 3748; b) G. Zi, *Dalton Trans.* **2009**, 9101.

[18] T. D. Tilley, R. A. Andersen, *J. Chem. Soc., Chem. Commun.* **1981**, 985-986.

[19] P. Selg, H. H. Brintzinger, M. Schultz, R. A. Andersen, *Organometallics* **2002**, *21*, 3100-3107.

[20] L. Maron, L. Perrin, O. Eisenstein, R. A. Andersen, *J. Am. Chem. Soc.* **2002**, *124*, 5614-5615.

[21] F. Gloaguen, T. B. Rauchfuss, *Chem. Soc. Rev.* **2009**, *38*, 100-108.

[22] a) J. Kim, D. Rees, *Science* **1992**, *257*, 1677-1682; b) M. Chan, J. Kim, D. Rees, *Science* **1993**, *260*, 792-794; c) R. P. Happe, W. Roseboom, A. J. Pierik, S. P. J. Albracht, K. A. Bagley, *Nature* **1997**, *385*, 126-126.

[23] A. C. Marr, D. J. E. Spencer, M. Schröder, *Coord. Chem. Rev.* **2001**, *219–221*, 1055-1074.

[24] a) H. Ogino, S. Inomata, H. Tobita, *Chem. Rev.* **1998**, *98*, 2093-2122; b) L. Sun, B. Åkermark, S. Ott, *Coord. Chem. Rev.* **2005**, *249*, 1653-1663.

[25] A. M. Kluwer, R. Kapre, F. Hartl, M. Lutz, A. L. Spek, A. M. Brouwer, P. W. N. M. van Leeuwen, J. N. H. Reek, *Proc. Natl. Acad. Sci.* **2009**, *106*, 10460-10465.

[26] D. Seyferth, R. S. Henderson, L. C. Song, *Organometallics* **1982**, *1*, 125-133.

[27] L.-C. Song, *Acc. Chem. Res.* **2004**, *38*, 21-28.

[28] C. Elschenbroich, *Organometallchemie, Vol. 5*, Teubner B. G., Wiesbaden, **2005**.

[29] F. A. Cotton, N. F. Curtis, C. B. Harris, B. F. G. Johnson, S. J. Lippard, J. T. Mague, W. R. Robinson, J. S. Wood, *Science* **1964**, *145*, 1305-1307.

[30] A. F. Hollemann, N. Wiberg, E. Wiberg, *Lehrbuch der Anorganischen Chemie, Vol. 101*, Walter de Gruyter & Co., Berlin, **1995**.

[31] a) M. H. Chisholm, *Phil. Trans. R. Soc. A* **2008**, *366*, 101-112; b) H. Schnöckel, *Dalton Trans.* **2008**, 4344-4362; c) Y. Wang, G. H. Robinson, *Chem. Commun.* **2009**, 5201-5213.

[32] H. M. Powell, R. V. G. Ewens, *J. Chem. Soc.* **1939**, 286.

[33] a) L. Pauling, *The Nature of the Chemical Bond*, 2., Oxford University Press, London, **1940**; b) L. Pauling, *Chem. Eng. News* **1947**.

[34] I. Resa, E. Carmona, E. Gutierrez-Puebla, A. Monge, *Science* **2004**, *305*, 1136-1138.

[35] R. Alsfasser, C. Janiak, T. M. Klapötke, H.-J. Meyer, *Moderne Anorganische Chemie*, 3., Walter de Gruyter, Berlin, **2007**.

[36] T. Nguyen, A. D. Sutton, M. Brynda, J. C. Fettinger, G. J. Long, P. P. Power, *Science* **2005**, *310*, 844-847.

[37] L. H. Gade, *Koordinationschemie*, Wiley, Weinheim, **1998**.

[38] F. R. Wagner, A. Noor, R. Kempe, *Nat. Chem.* **2009**, *1*, 529-536.

[39] a) A. Noor, F. R. Wagner, R. Kempe, *Angew. Chem. Int. Ed.* **2008**, *47*, 7246-7249; b) A. Noor, G. Glatz, R. Müller, M. Kaupp, S. Demeshko, R. Kempe, *Z. Anorg. Allg. Chem.* **2009**, *635*, 1149-1152; c) C.-W. Hsu, J.-S. K. Yu, C.-H. Yen, G.-H. Lee, Y.

Wang, Y.-C. Tsai, *Angew. Chem. Int. Ed.* **2008**, *47*, 9933-9936; d) G. Frenking, *Science* **2005**, *310*, 796-797; e) R. Wolf, C. Ni, T. Nguyen, M. Brynda, G. J. Long, A. D. Sutton, R. C. Fischer, J. C. Fettinger, M. Hellman, L. Pu, P. P. Power, *Inorg. Chem.* **2007**, *46*, 11277-11290; f) A. Noor, G. Glatz, R. Müller, M. Kaupp, S. Demeshko, R. Kempe, *Nat. Chem.* **2009**, *1*, 322-325.

[40] a) X.-W. Li, W. T. Pennington, G. H. Robinson, *J. Am. Chem. Soc.* **1995**, *117*, 7578-7579; b) J. Su, X.-W. Li, R. C. Crittendon, G. H. Robinson, *J. Am. Chem. Soc.* **1997**, *119*, 5471-5472.

[41] a) K. W. Klinkhammer, T. F. Fässler, H. Grützmacher, *Angew. Chem. Int. Ed.* **1998**, *37*, 124-126; b) S. Hino, M. Olmstead, A. D. Phillips, R. J. Wright, P. P. Power, *Inorg. Chem.* **2004**, *43*, 7346-7352; c) T. Fukawa, V. Y. Lee, M. Nakamoto, A. Sekiguchi, *J. Am. Chem. Soc.* **2004**, *126*, 11758-11759; d) M. Stürmann, W. Saak, K. W. Klinkhammer, M. Weidenbruch, *Z. Anorg. Allg. Chem.* **1999**, *625*, 1955-1956; e) M. M. Olmstead, R. S. Simons, P. P. Power, *J. Am. Chem. Soc.* **1997**, *119*, 11705-11706; f) N. Takagi, S. Nagase, *Organometallics* **2007**, *26*, 469-471; g) R. A. Layfield, in *Organometallic Chemistry, Vol. 34*, The Royal Society of Chemistry, **2008**, pp. 155-165; h) L. Pu, A. D. Phillips, A. F. Richards, M. Stender, R. S. Simons, M. M. Olmstead, P. P. Power, *J. Am. Chem. Soc.* **2003**, *125*, 11626-11636.

[42] a) W. J. Evans, S. L. Gonzales, J. W. Ziller, *J. Am. Chem. Soc.* **1991**, *113*, 9880-9882; b) C. von Hänisch, D. Nikolova, *Eur. J. Inorg. Chem.* **2006**, 4770-4773; c) T. Sasamori, Y. Arai, N. Takeda, R. Okazaki, Y. Furukawa, M. Kimura, S. Nagase, N. Tokitoh, *Bull. Chem. Soc. Jpn.* **2002**, *75*, 661-675; d) T. Sasamori, E. Mieda, N. Nagahora, K. Sato, D. Shiomi, T. Takui, Y. Hosoi, Y. Furukawa, N. Takagi, S. Nagase, N. Tokitoh, *J. Am. Chem. Soc.* **2006**, *128*, 12582-12588; e) T. Sasamori, N. Tokitoh, *Dalton Trans.* **2008**, 1395-1408; f) B. Twamley, C. D. Sofield, M. M. Olmstead, P. P. Power, *J. Am. Chem. Soc.* **1999**, *121*, 3357-3367.

[43] a) S. Schulz, *Chem. Eur. J.* **2010**, *16*, 6416-6428; b) A. Grirrane, I. Resa, A. Rodríguez, E. Carmona, *Coord. Chem. Rev.* **2008**, *252*, 1532-1539; c) E. Carmona, A. Galindo, *Angew. Chem. Int. Ed.* **2008**, *47*, 6526-6536; d) T. Li, S. Schulz, P. W. Roesky, *Chem. Soc. Rev.* **2012**, *41*, 3759-3771.

[44] S. P. Green, C. Jones, A. Stasch, *Science* **2007**, *318*, 1754-1757.

[45] C. Jones, D. P. Mills, J. A. Platts, R. P. Rose, *Inorg. Chem.* **2006**, *45*, 3146-3148.

[46] M. T. Gamer, P. W. Roesky, S. N. Konchenko, P. Nava, R. Ahlrichs, *Angew. Chem. Int. Ed.* **2006**, *45*, 4447-4451.

[47] M. Wiecko, P. W. Roesky, *Organometallics* **2007**, *26*, 4846-4848.

[48] L. N. Bochkarev, V. M. Makarov, L. N. Zakharov, G. K. Fukin, A. I. Yanovsky, Y. T. Struchkov, *J. Organomet. Chem.* **1995**, *490*, C29-C31.

[49] E. E. Fedorova, A. A. Trifonov, M. N. Bochkarev, F. Girgsdies, H. Schumann, *Z. Anorg. Allg. Chem.* **1999**, *625*, 1818-1822.

[50] F. G. N. Cloke, C. I. Dalby, P. B. Hitchcock, H. Karamallakis, G. A. Lawless, *J. Chem. Soc., Chem. Commun.* **1991**, 779-781.

[51] L. N. Bochkarev, O. V. Grachev, N. E. Molosnova, S. F. Zhiltsov, L. N. Zakharov, G. K. Fukin, A. I. Yanovsky, Y. T. Struchkov, *J. Organomet. Chem.* **1993**, *443*, C26-C28.

[52] a) L. N. Bochkarev, V. M. Makarov, Y. N. Hrzhanovskaya, L. N. Zakharov, G. K. Fukin, A. I. Yanovsky, Y. T. Struchkov, *J. Organomet. Chem.* **1994**, *467*, C3-C5; b) M. N. Bochkarev, V. V. Khramenkov, Y. F. Rad'kov, L. N. Zakharov, Y. T. Struchkov, *J. Organomet. Chem.* **1991**, *408*, 329-334; c) M. N. Bochkarev, V. V. Khramenkov, Y. F. Rad'kov, L. N. Zakharov, Y. T. Struchjkov, *J. Organomet. Chem.* **1991**, *421*, 29-38.

[53] H. Schumann, M. Cygon, *J. Organomet. Chem.* **1978**, *144*, C43-C45.

[54] I. P. Beletskaya, A. Z. Voskoboynikov, E. B. Chuklanova, N. I. Kirillova, A. K. Shestakova, I. N. Parshina, A. I. Gusev, G. K. I. Magomedov, *J. Am. Chem. Soc.* **1993**, *115*, 3156-3166.

[55] a) P. L. Arnold, S. T. Liddle, J. McMaster, C. Jones, D. P. Mills, *J. Am. Chem. Soc.* **2007**, *129*, 5360-5361; b) C. Jones, A. Stasch, W. D. Woodul, *Chem. Commun.* **2009**, 113-115.

[56] a) L. M. A. Saleh, K. H. Birjkumar, A. V. Protchenko, A. D. Schwarz, S. Aldridge, C. Jones, N. Kaltsoyannis, P. Mountford, *J. Am. Chem. Soc.* **2011**, *133*, 3836-3839; b) S. Li, J. Cheng, Y. Chen, M. Nishiura, Z. Hou, *Angew. Chem. Int. Ed.* **2011**, *50*, 6360-6363.

[57] a) I. L. Fedushkin, A. N. Lukoyanov, A. N. Tishkina, M. O. Maslov, S. Y. Ketkov, M. Hummert, *Organometallics* **2011**, *30*, 3628-3636; b) S. G. Minasian, J. L. Krinsky, J. D. Rinehart, R. Copping, T. Tyliszczak, M. Janousch, D. K. Shuh, J. Arnold, *J. Am. Chem. Soc.* **2009**, *131*, 13767-13783; c) B. Vlaisavljevich, P. Miró, C. J. Cramer, L. Gagliardi, I. Infante, S. T. Liddle, *Chem. Eur. J.* **2011**, *17*, 8424-8433; d) S. T. Liddle, D. P. Mills, B. M. Gardner, J. McMaster, C. Jones, W. D. Woodul, *Inorg. Chem.* **2009**, *48*, 3520-3522; e) J. L. Krinsky, S. G. Minasian, J. Arnold, *J. Inorg. Chem.* **2010**, *50*, 345-357.

[58] a) K. Zeckert, S. Zahn, B. Kirchner, *Chem. Commun.* **2010**, *46*, 2638-2640; b) F. Reichart, M. Kischel, K. Zeckert, *Chem. Eur. J.* **2009**, *15*, 10018-10020.

[59] a) P. L. Arnold, J. McMaster, S. T. Liddle, *Chem. Commun.* **2009**, 818-820; b) M. P. Blake, N. Kaltsoyannis, P. Mountford, *J. Am. Chem. Soc.* **2011**, *133*, 15358-15361; c) M. V. Butovskii, O. L. Tok, V. Bezugly, F. R. Wagner, R. Kempe, *Angew. Chem. Int. Ed.* **2011**, *50*, 7695-7698; d) M. V. Butovskii, O. L. Tok, F. R. Wagner, R. Kempe, *Angew. Chem. Int. Ed.* **2008**, *47*, 6469-6472; e) C. Döring, A.-M. Dietel, M. V.

Butovskii, V. Bezugly, F. R. Wagner, R. Kempe, *Chem. Eur. J.* **2010**, *16*, 10679-10683; f) M. V. Butovskii, C. Döring, V. Bezugly, F. R. Wagner, Y. Grin, R. Kempe, *Nat. Chem.* **2010**, *2*, 741-744.

[60] a) S. T. Liddle, D. P. Mills, *Dalton Trans.* **2009**, 5592-5605; b) P. W. Roesky, *Dalton Trans.* **2009**, 1887-1893; c) C. Jones, A. Stasch, *The Group 13 Metals Aluminium, Gallium, Indium and Thallium: Chemical Patterns and Peculiarities*, John Wiley & Sons, Ltd, **2011**.

[61] I. L. Fedushkin, A. N. Lukoyanov, A. N. Tishkina, G. K. Fukin, K. A. Lyssenko, M. Hummert, *Chem. Eur. J.* **2010**, *16*, 7563-7571.

[62] a) I. Matei, T. Lixandru, *Bul. Inst. Politeh. Iasi* **1967**, *13*, 245; b) M. Dvolaitzky, *Seances Acad. Sci., Ser. C.* **1969**, *268*, 1811.

[63] a) R. van Asselt, E. E. C. G. Gielens, R. E. Rulke, C. J. Elsevier, *J. Chem. Soc., Chem. Commun.* **1993**, 1203-1205; b) R. van Asselt, E. E. C. G. Gielens, R. E. Rulke, K. Vrieze, C. J. Elsevier, *J. Am. Chem. Soc.* **1994**, *116*, 977-985; c) R. van Asselt, E. Rijnberg, C. J. Elsevier, *Organometallics* **1994**, *13*, 706-720; d) R. van Asselt, C. J. Elsevier, W. J. J. Smeets, A. L. Spek, *Inorg. Chem.* **1994**, *33*, 1521-1531; e) R. van Asselt, C. J. Elsevier, *Organometallics* **1994**, *13*, 1972-1980; f) R. van Asselt, C. J. Elsevier, W. J. J. Smeets, A. L. Spek, R. Benedix, *Recueil des Travaux Chimiques des Pays-Bas* **1994**, *113*, 88-98.

[64] L. Maresca, G. Natile, L. Cattalini, *Inorg. Chim. Acta* **1975**, *14*, 79-82.

[65] N. J. Hill, I. Vargas-Baca, A. H. Cowley, *Dalton Trans.* **2009**, 240-253.

[66] a) I. L. Fedushkin, A. A. Skatova, S. Y. Ketkov, O. V. Eremenko, A. V. Piskunov, G. K. Fukin, *Angew. Chem. Int. Ed.* **2007**, *46*, 4302-4305; b) I. L. Fedushkin, A. N. Lukoyanov, S. Y. Ketkov, M. Hummert, H. Schumann, *Chem. Eur. J.* **2007**, *13*, 7050-7056; c) I. L. Fedushkin, A. N. Lukoyanov, G. K. Fukin, S. Y. Ketkov, M. Hummert, H. Schumann, *Chem. Eur. J.* **2008**, *14*, 8465-8468.

[67] I. L. Fedushkin, A. A. Skatova, V. A. Chudakova, G. K. Fukin, *Angew. Chem. Int. Ed.* **2003**, *42*, 3294-3298.

[68] a) R. van Asselt, C. J. Elsevier, *Tetrahedron* **1994**, *50*, 323-334; b) S. Tollari, S. Cenini, F. Ragaini, L. Cassar, *J. Chem. Soc., Chem. Commun.* **1994**, 1741-1742; c) L. K. Johnson, C. M. Killian, M. Brookhart, *J. Am. Chem. Soc.* **1995**, *117*, 6414-6415; d) S. Cenini, F. Ragaini, S. Tollari, D. Paone, *J. Am. Chem. Soc.* **1996**, *118*, 11964-11965; e) J. H. Groen, J. G. P. Delis, P. W. N. M. van Leeuwen, K. Vrieze, *Organometallics* **1997**, *16*, 68-77; f) R. van Belzen, R. A. Klein, H. Kooijman, N. Veldman, A. L. Spek, C. J. Elsevier, *Organometallics* **1998**, *17*, 1812-1825; g) E. Shirakawa, H. Yoshida, Y. Nakao, T. Hiyama, *J. Am. Chem. Soc.* **1999**, *121*, 4290-4291; h) F. Ragaini, P. Sportiello, S. Cenini, *J. Organomet. Chem.* **1999**, *577*, 283-

291; i) S. D. Ittel, L. K. Johnson, M. Brookhart, *Chem. Rev.* **2000**, *100*, 1169-1204; j) D. B. Llewellyn, D. Adamson, B. A. Arndtsen, *Org. Lett.* **2000**, *2*, 4165-4168; k) F. Ragaini, S. Cenini, E. Borsani, M. Dompé, E. Gallo, M. Moret, *Organometallics* **2001**, *20*, 3390-3398; l) G. A. Grasa, A. C. Hillier, S. P. Nolan, *Org. Lett.* **2001**, *3*, 1077-1080; m) G. A. Grasa, R. Singh, E. D. Stevens, S. P. Nolan, *J. Organomet. Chem.* **2003**, *687*, 269-279; n) R. van Belzen, H. Hoffmann, C. J. Elsevier, *Angew. Chem. Int. Ed.* **1997**, *36*, 1743-1745; o) M. W. van Laren, C. J. Elsevier, *Angew. Chem. Int. Ed.* **1999**, *38*, 3715-3717.

[69] J. C. Alonso, P. Neves, M. J. Pires da Silva, S. Quintal, P. D. Vaz, C. Silva, A. A. Valente, P. Ferreira, M. J. Calhorda, V. Félix, M. G. B. Drew, *Organometallics* **2007**, *26*, 5548-5556.

[70] a) Igor L. Fedushkin, Alexandra A. Skatova, Valentina A. Chudakova, Georgy K. Fukin, S. Dechert, H. Schumann, *Eur. J. Inorg. Chem.* **2003**, 3336-3346; b) I. L. Fedushkin, A. G. Morozov, O. V. Rassadin, G. K. Fukin, *Chem. Eur. J.* **2005**, *11*, 5749-5757.

[71] H. Schumann, M. Hummert, A. N. Lukoyanov, I. L. Fedushkin, *Organometallics* **2005**, *24*, 3891-3896.

[72] R. J. Baker, C. Jones, M. Kloth, D. P. Mills, *New J. Chem.* **2004**, *28*, 207-213.

[73] H. A. Jenkins, C. L. Dumaresque, D. Vidovic, J. A. C. Clyburne, *Can. J. Chem.* **2002**, *80*, 1398-1403.

[74] I. L. Fedushkin, A. S. Nikipelov, A. A. Skatova, O. V. Maslova, A. N. Lukoyanov, G. K. Fukin, A. V. Cherkasov, *Eur. J. Inorg. Chem.* **2009**, 3742-3749.

[75] a) I. L. Fedushkin, A. A. Skatova, V. A. Chudakova, N. M. Khvoinova, A. Y. Baurin, S. Dechert, M. Hummert, H. Schumann, *Organometallics* **2004**, *23*, 3714-3718; b) I. L. Fedushkin, N. M. Khvoinova, A. Y. Baurin, G. K. Fukin, V. K. Cherkasov, M. P. Bubnov, *Inorg. Chem.* **2004**, *43*, 7807-7815.

[76] G. Reeske, C. R. Hoberg, N. J. Hill, A. H. Cowley, *J. Am. Chem. Soc.* **2006**, *128*, 2800-2801.

[77] N. J. Hill, G. Reeske, J. A. Moore, A. H. Cowley, *Dalton Trans.* **2006**, 4838-4844.

[78] a) R. A. Williams, T. P. Hanusa, J. C. Huffman, *Organometallics* **1990**, *9*, 1128-1134; b) F. Weber, M. Schultz, C. D. Sofield, R. A. Andersen, *Organometallics* **2002**, *21*, 3139-3146; c) H. Schumann, S. Schutte, H.-J. Kroth, D. Lentz, *Angew. Chem. Int. Ed.* **2004**, *43*, 6208-6211; d) I. L. Fedushkin, T. V. Petrovskaya, M. N. Bochkarev, S. Dechert, H. Schumann, *Angew. Chem. Int. Ed.* **2001**, *40*, 2474-2477.

[79] H. Schumann, M. Hummert, A. N. Lukoyanov, V. A. Chudakova, I. L. Fedushkin, *Z. Naturforsch.* **2007**, *62b*, 1107-1111.

[80] K. Vasudevan, A. H. Cowley, *Chem. Commun.* **2007**, 3464-3466.

[81] I. L. Fedushkin, O. V. Maslova, A. N. Lukoyanov, G. K. Fukin, *C. R. Chim.* **2010**, *13*, 584-592.

[82] I. L. Fedushkin, O. V. Maslova, E. V. Baranov, A. S. Shavyrin, *Inorg. Chem.* **2009**, *48*, 2355-2357.

[83] M. Brewer, J. Lee, J. G. Brennan, *Inorg. Chem.* **1995**, *34*, 5919-5924.

[84] W. J. Evans, M. A. Ansari, J. W. Ziller, S. I. Khan, *Organometallics* **1995**, *14*, 3-4.

[85] J. Magull, A. Mandel, *Z. Anorg. Allg. Chem.* **1994**, *620*, 819-821.

[86] a) W. J. Evans, L. A. Hughes, T. P. Hanusa, *Organometallics* **1986**, *5*, 1285-1291; b) W. J. Evans, I. Bloom, W. E. Hunter, J. L. Atwood, *J. Am. Chem. Soc.* **1981**, *103*, 6507-6508; c) T. D. Tilley, R. A. Andersen, *Inorg. Chem.* **1981**, *20*, 3267-3270; d) P. L. Watson, *J. Chem. Soc., Chem. Commun.* **1980**, 652-653.

[87] S. N. Konchenko, T. Sanden, N. A. Pushkarevsky, R. Köppe, P. W. Roesky, *Chem. Eur. J.* **2010**, *16*, 14278-14280.

[88] F. Calderoni, F. Demartin, M. C. Iapalucci, F. Laschi, G. Longoni, P. Zanello, *Inorg. Chem.* **1996**, *35*, 898-905.

[89] D. E. Barber, M. Sabat, E. Sinn, B. A. Averill, *Organometallics* **1995**, *14*, 3229-3237.

[90] R. L. Holliday, L. C. Roof, B. Hargus, D. M. Smith, P. T. Wood, W. T. Pennington, J. W. Kolis, *Inorg. Chem.* **1995**, *34*, 4392-4401.

[91] W. Hieber, W. Beck, *Z. Anorg. Allg. Chem.* **1960**, *305*, 265-273.

[92] A. Recknagel, A. Steiner, S. Brooker, D. Stalke, F. T. Edelmann, *Chem. Ber.* **1991**, *124*, 1373-1375.

[93] a) P. L. Watson, J. F. Whitney, R. L. Harlow, *Inorg. Chem.* **1981**, *20*, 3271-3278; b) M. Wiecko, P. W. Roesky, V. V. Burlakov, A. Spannenberg, *Eur. J. Inorg. Chem.* **2007**, 876-881.

[94] T. Sanden, M. T. Gamer, A. A. Fagin, V. A. Chudakova, S. N. Konchenko, I. L. Fedushkin, P. W. Roesky, *Organometallics* **2012**, *31*, 4331-4339.

[95] R. Ahlrichs, M. Bär, M. Häser, H. Horn, C. Kölmel, *Chem. Phys. Lett.* **1989**, *162*, 165-169.

[96] a) A. D. Becke, *Phys. Rev. A* **1988**, *38*, 3098-3100; b) J. P. Perdew, *Phys. Rev. B* **1986**, *34*, 7406-7406; c) J. P. Perdew, *Phys. Rev. B* **1986**, *33*, 8822-8824; d) O. Treutler, R. Ahlrichs, *J. Chem. Phys.* **1995**, *102*, 346-354.

[97] A. Schaefer, H. Horn, R. Ahlrichs, *J. Chem. Phys.* **1992**, *97*.

[98] M. Dolg, H. Stoll, A. Savin, H. Preuss, *Theoretical Chemistry Accounts: Theory, Computation, and Modeling (Theoretica Chimica Acta)* **1989**, *75*, 173-194.

[99] S. Dehnen, M. R. Biurgstein, P. W. Roesky, *J. Chem. Soc., Dalton Trans.* **1998**, 2425-2430.

[100] A. L. Spek, *J. Appl. Crystallogr.* **2003**, *36*, 7-13.

[101] a) I. L. Fedushkin, A. S. Nikipelov, K. A. Lyssenko, *J. Am. Chem. Soc.* **2010**, *132*, 7874-7875; b) I. L. Fedushkin, A. S. Nikipelov, A. G. Morozov, A. A. Skatova, A. V. Cherkasov, G. A. Abakumov, *Chem. Eur. J.* **2012**, *18*, 255-266.

[102] W. Uhl, T. Spies, *Z. Anorg. Allg. Chem.* **2000**, *626*, 1059-1064.

[103] G. Linti, A. Rodig, W. Köstler, *Z. Anorg. Allg. Chem.* **2001**, *627*, 1465-1476.

[104] R. J. Baker, C. Jones, M. Kloth, J. A. Platts, *Organometallics* **2004**, *23*, 4811-4813.

[105] F. Bonnet, C. Da Costa Violante, P. Roussel, A. Mortreux, M. Visseaux, *Chem. Commun.* **2009**, 3380-3382.

[106] a) W. J. Evans, T. A. Ulibarri, L. R. Chamberlain, J. W. Ziller, D. Alvarez, *Organometallics* **1990**, *9*, 2124-2130; b) H. Schumann, M. Glanz, H. Hemling, F. H. Görlitz, *J. Organomet. Chem.* **1993**, *462*, 155-161.

[107] F. Jaroschik, T. Shima, X. Li, K. Mori, L. Ricard, X.-F. Le Goff, F. Nief, Z. Hou, *Organometallics* **2007**, *26*, 5654-5660.

[108] H. Schumann, E. Palamidis, J. Loebel, *J. Organomet. Chem.* **1990**, *384*, C49-C52.

[109] W. J. Evans, J. T. Leman, J. W. Ziller, S. I. Khan, *Inorg. Chem.* **1996**, *35*, 4283-4291.

[110] J. Emsley, *The Elements*, 2. Auflage, Clarendon Press, Oxford, U.K., **1995**.

[111] M. Wiecko, Dissertation thesis, Freie Universität Berlin (Berlin), **2008**.

[112] N. J. Hardman, P. P. Power, *Inorg. Chem.* **2001**, *40*, 2474-2475.

[113] R. J. Baker, C. Jones, M. Kloth, *Dalton Trans.* **2005**, 2106-2110.

[114] B. Cordero, V. Gomez, A. E. Platero-Prats, M. Reves, J. Echeverria, E. Cremades, F. Barragan, S. Alvarez, *Dalton Trans.* **2008**, 2832-2838.

[115] C. Ni, Z. Zhang, D. Deng, C. Qian, *J. Organomet. Chem.* **1986**, *306*, 209-214.

[116] I. L. Fedushkin, M. V. Moskalev, A. N. Lukoyanov, A. N. Tishkina, E. V. Baranov, G. A. Abakumov, *Chem. Eur. J.* **2012**, *18*, 11264-11276.

[117] H. Schumann, I. Albrecht, J. Loebel, E. Hahn, *Organometallics* **1986**, *5*, 1296.

[118] a) P. Girard, J. L. Namy, H. B. Kagan, *J. Am. Chem. Soc.* **1980**, *102*, 2693-2698; b) J. L. Namy, P. Girard, H. B. Kagan, *Nouv. J. Chim.* **1977**, *1*, 5.

[119] a) W. J. Evans, J. W. Grate, H. W. Choi, I. Bloom, W. E. Hunter, J. L. Atwood, *J. Am. Chem. Soc.* **1985**, *107*, 941-946; b) T. D. Tilley, R. A. Andersen, B. Spencer, H. Ruben, A. Zalkin, D. H. Templeton, *Inorg. Chem.* **1980**, *19*, 2999-3003.

[120] M. D. Taylor, C. P. Carter, *J. Inorg. Nucl. Chem.* **1962**, *24*, 387-391.

[121] G. M. Sheldrick, *SHELXS-97, Program for Crystal Structure Refinement, Universität Göttingen,* **1997**.

[122] G. M. Sheldrick, *SHELXL-97, Program for Crystal Structure Refinement, Universität Göttingen,* **1997**.

[123] L. J. Farragia, *J. Appl. Crystallogr.* **1999**, *32*, 837-838.

[124] O. V. Dolomanov, L. J. Bourhis, R. J. Gildea, J. A. K. Howard, H. Puschmann, *J. Appl. Crystallogr.* **2009**, *42*, 339-341.

[125] K. Brandenburg, *DIAMOND3.2g, Visual Crystal Structure Information System, Crystal Impact GbR, Bonn,* **2011**.

7. Anhang

7.1 Verwendete Abkürzungen

AcOH	Essigsäure
An	Actinoid
Ar	Aryl
Bbt	2,6-bis[bis(trimethylsilyl)methyl]-4-[tris(trimethylsilyl)methyl]phenyl
Bian	Bis(arylimino)acenaphthen
Bph	2-Biphenyl
BTSA	Bis(trimethylsilyl)amid
^{t}Bu	*tert*-Butyl
Bz	Benzyl
Cp	Cyclopentadienyl
Cp*	Pentamethylcyclopentadienyl
Cp'''	1,2,4-Tris(*tert*-butyl)cyclopentadienyl)
DAB	1,4-Diaza-1,3-butadien
DFT	Dichtefunktionaltheorie
Dipp	Diisopropylphenyl
DME	1,2-Dimethoxyethan
DMF	Dimethylformamid
Dtb	2,5-(di-*tert*butyl)phenyl
Dtp	2,5-di-*tert*butyl-3,4-dimethyl-phospholid
Et	Ethyl
Et_2O	Diethylether
h	Stunden
IR	Infrarot
Ln	Lanthanoid
Me	Methyl
Mes	Mesityl (2,4,6-(Trimethyl)phenyl-)
m/z	Masse/Ladungs-Verhältnis
Nep	Neopentyl (2,2-Dimethylpropyl-)
NMR	Nuclear Magnetic Resonance
Ph	Phenyl
^{i}Pr	*iso*-Propyl
pyr	Pyrrolyl
rt	Raumtemperatur

Tbt	2,4,6-tris[bis(trimethylsilyl)methyl]phenyl
THF	Tetrahydrofuran
tmeda	Tetramethylethylendiamin
TMS	Trimethylsilylmethanid

IR- und Raman-Spektroskopie

$\widetilde{\nu}$	Wellenzahl in cm^{-1}
m	mittel
s	stark
w	schwach
vs	sehr stark
vw	sehr schwach

NMR-Spektroskopie

δ	chemische Verschiebung in ppm
d	Duplett
dq	Duplett von Quartetts
Hz	Hertz
J	Koppungskonstante in Hz
m	Multiplett
ppm	parts per million
s	Singulett

7.2 Persönliche Angaben

7.2.1 Lebenslauf

Name:	Tanja Sanden
Geburtsdatum:	26.02.1984
Geburtsort:	Bad Friedrichshall
Staatsangehörigkeit:	deutsch
Familienstand:	ledig

Schulbildung

1990-1994	Grundschule Hagenbach
1994-1996	Albert-Schweizer-Gymnasium Neckarsulm
1996-2003	Friedrich-von-Alberti-Gymnasium Bad Friedrichshall, mehrjährige Tätigkeit als Klassensprecherin
06/2003	Schulabschluss: Abitur

Studium

2003-2009	Chemiestudium, Technische Universität Karlsruhe
06/2006	Vordiplom
07/2008	Diplomprüfungen in Chemie
07/2008-01/2009	Diplomarbeit im Arbeitskreis von Prof. Dr. U. Radius Thema: „Untersuchungen zur Synthese und Reaktivität NHC-substituierter Kobaltkomplexe mit P_n-Liganden“ Institut für Anorganische Chemie, Karlsruhe Institut für Technologie (KIT)
01/2009	Abschluss: Diplom-Chemiker
seit 03/2009	Promotion am Institut für Anorganische Chemie des Karlsruhe Institut für Technologie (KIT) im Arbeitskreis von Prof. Dr. P. W. Roesky. Tätigkeit als Assistent im anorganisch-chemischen Grundpraktikum, Teil II, Quantitative Analyse und Fortgeschrittenenpraktikum.
seit 10/2010	Mitglied im Helmholtz-Kolleg „Energy Related Catalysis“

7.2.2 Poster und Vorträge

Poster

Tanja Sanden, Sergey N. Konchenko, Nikolay A. Pushkarevsky, Ralf Köppe und Peter W. Roesky
Wheel-Shaped Lanthanoide Iron Sulfide Clusters.
XXIV. Tage der Seltenen Erden - Terrae Rarae, Karlsruhe, **2011**.
8. Koordinationschemie-Treffen, Dortmund, **2012**.

Vorträge

Tanja Sanden
Ein molekulares Polyphosphid der Selten-Erd-Elemente.
Wissenschaftliches Kolloqium von Arbeitsgruppen für Anorganische Chemie der Universitäten Berlin, Hannover, Karlsruhe, Leipzig, Marburg, Münster, Oxford, Regensburg und Tübingen, Hirschegg (Österreich) **2009**.

7.2.3 Publikationen

S. N. Konchenko, T. Sanden, N. A. Pushkarevsky, R. Köppe, P. W. Roesky
Wheel-Shaped Lanthanide Iron Sulfur Clusters
Chem. Eur. J. **2010**, *16*, 14278-14280.

T. Sanden, M. T. Gamer, A. A. Fagin, V. A. Chudakova, S. N. Konchenko, I. L. Fedushkin, P. W. Roesky
Synthesis of Unsupported Ln-Ga Bonds by Salt Metathesis and Ga-Ga Bond Reduction
Organometallics **2012**, *31*, 4331-4339.

Danksagung

Zunächst möchte ich Herrn Prof. Dr. Peter W. Roesky für die freundliche Aufnahme im Arbeitskreis, die interessante Aufgabenstellung und die hervorragende Betreuung während meiner Arbeit danken.

Herrn Priv.-Doz. Dr. habil. Thorsten Stumpf danke ich für die bereitwillige Anfertigung des Zweitgutachtens.

Herrn Prof. Dr. Sergey Konchenko danke ich für die Weitergabe seiner fachlichen Kenntnisse und die vielen wissenschaftlichen Anregungen. Außerdem möchte ich mich auch für die gute Kommunikation zwischen Novosibirsk und Karlsruhe bedanken, die trotz der Entfernung nicht abgebrochen ist, um die Forschung weiter zu bringen.

Bedanken möchte ich mich weiterhin bei Dr. Christos Apostolidis für die Einladung ans Institut für Transurane (ITU) und die Möglichkeit, Einblicke in die Arbeit mit Actinoiden zu gewinnen.

Bei Dr. Jochen Kratsch, Tessa Wagner und Tobias Brunner bedanke ich mich herzlich für das gewissenhafte Korrekturlesen dieser Arbeit und die hilfreichen Anregungen.

Den Mitarbeitern Helga Berberich, Gabriele Leichle, Frank Rieß, Werner Kastner, Tobias Lampert, Monika Kayas, Angie Pendl, Sibylle Schneider, Petra Smie, Dr. Ralf Köppe, Dr. Michael Gamer, Nicole Klaasen, Sabine Lude, Dieter Müller und Kalam Munshi danke ich für ihre Hilfsbereitschaft und die engagierte und unersetzliche Arbeit.

Für die angenehme Atmosphäre und die gute Zusammenarbeit möchte ich mich bei allen aktuellen und ehemaligen Mitgliedern des Arbeitskreises bedanken.

Insbesondere danke ich Dr. Jochen Kratsch, Christian Sarcher, Matthias Schmid, Tessa Wagner und Tobias Brunner für die vielen aufbauenden Gespräche und die abwechslungsreichen Mittagspausen.

Ganz besonderer Dank gilt meinen Eltern, die mich während meiner Studien- und Promotionszeit großartig in jeder nur erdenklichen Hinsicht unterstützt haben ohne die ich nie so weit gekommen wäre.

All meinen Freunden und ganz speziell Fabian Wilczek möchte ich meinen tief empfundenen Dank dafür aussprechen, dass sie immer ein offenes Ohr für mich hatten und vor allem für mich da waren, als ich sie am nötigsten gebraucht habe.